极简静心法

—— 10分钟静坐入门

丁力 著

华夏出版社
HUAXIA PUBLISHING HOUSE

献 给

任何希望在

忙碌和焦虑的现实社会中，

得到片刻心灵安宁和精神幸福的人士。

自序

初识静坐人

最初接触到静坐，是在少林寺、在武当山上。那时我三十多岁，是电视台导演，因创办《武林风》栏目，走访了全国各路武林门派，见到了各色传说中的掌门人。

和这些神秘人物交往之后我才知道，他们普普通通，只是内心有着某种笃信，经过苦寻、坚守之后，才拥有显赫的江湖地位。我与他们，有些成为朋友，有些则渐行渐远。

其实，静坐，在各路宗派中，是一种常见的日常行为。当时，我并未对之产生丝毫兴趣，甚至内心还有些抵触。因为，在我的认知中，它似乎意味着"寒苦、乏味、神神道道"。

那时，我以生活为乐，以工作为重，努力学习，全力奋斗。即使出现焦躁和绝望，我也会用年轻人流行的各种释放方式快速发泄、调整。现在回想，真有些年少疯狂。

人过四十，身体的毛病渐多，腰和颈椎相继出现问题。劳累时，肌肉常常僵痛，头脑混沌，已经影响正常生活。

2017年7月，一位王姓密友微信我："哥哥，有时间吗？去终南山学学静坐。"鬼使神差地，我竟然随口应诺了，即使当时我很忙很忙。而这次不经意的回应，则让我叩开了"静坐"神秘奇妙的大门。

"终南山"三个字似乎便隐含着动人的魄力与魅力。"福如东海长流水，寿比南山不老松"中所指的"南山"正是终南山。自古终南多隐士，那些带有传奇色彩的人物故事，总是让我浮想联翩。"一定要去一趟终南山！"的想法一直萦绕在我脑海中。更何况朋友说这次是跟一群来自全国各地、从事静坐教学工作多年的老师们一起学习。这种诱惑，我根本无法拒绝。

7月24日下午,我们开车进入终南山。这一天,正巧是我的生日。

十多位老师从天南海北,陆续到达终南山。他们大多生活在繁华都市,相约在此,是想抛开烦扰,用十天时间一起静坐、静心和交流。同时,老师们又请来一位据说资历很深、修养极高的老师,作为导师来指导我们,帮助我们更加精进。

就这样,在终南山脚下,在一家被我们完全包下来的二层农家小院里,在推窗即山、举步成林、浑然一体的天地中,一场触达灵魂的内心旅程蔚然而行。

而十天,对于那时的我,未免太久。我计划待三天便离开。未曾料到,之后发生的神奇的事情,深刻改变了我的余生。

学习静坐

这十几位老师,主要学习的是"真气运行法",已经习练十多年。

全国高等中医药院校教材《中医气功学》介绍了此功法,早已获得了国家层面的专业认可。"真气运行法"创编人是甘肃省中医院的李少波教授。他自幼多病,开始研习传统养生诸法,经过数十年摸索和锻炼,结合临床观察和实验,最终创出这套医疗养生方法,并传播开来。

临近傍晚,传说中的那位"老师的老师"到了。让我震惊的是,他竟然是一位翩翩少年,二十多岁的样子,一身白布衣,长发随意扎起,面相清秀安详，人们都叫他君子老师。之后的几个晚上，当大家都早早休息时，我都会找君子老师聊天。我俩总是能聊至凌晨两三点，似乎有说不完的话题，不知疲倦。从此，君子不仅成了我的挚友，还是我静坐学习的导师。

君子老师到的第二天，在一间小屋内，我们集体开始静坐。有人坐床上，有人坐凳子。由于从未正式习练过静坐，我自然无法盘腿。不管单盘还是双盘，僵硬的肢体似乎无从安放。来自西安的张老师让我垂腿坐在床边，中正身体，讲了几个简单的动作要领和呼吸方法。就这样，我正式开始了静坐修行。

这样的坐姿，我坚持坐了两天，每天大约十个小时。

我们这一行人，每天六点起床，除了三餐和睡觉，其余时间就是静坐，或者穿插一些行走、爬山的调剂运动。

作息很规律。

两天过去了，我的身体除了僵硬困乏，没有什么特别的感受。老师只是说："坚持坐！"

自己内心定好的离开日期将至，我心里想："明天就走了，难道这样就走了吗？"

天渐黑，有人喊吃饭，大家相继而去，屋内剩我一人。

空荡的房间，静谧的环境，似乎这天地中便只剩我一人。从最初刻意的坚持到不知何时忘却一切，一种别样的反应开始出现于我的身心——会阴微微颤动，肩膀沉重难忍，然后头顶突然如群山隆起，泉水涌出，顺鼻而下，浑身通畅，舒服至极。此感此境持续数十分钟，我沉浸其中，留恋不忍离去……

我急着将感受一一描述给老师们。大家相互对视，然后会心一笑，都笑着恭喜道："你通了！"

那是一个如此美妙的傍晚，那种从未有过的、持久的、真切的酣畅淋漓，让我一生不忘……

离开那天，我独自搭车下山，如重生般坚定沉稳。之后，我偶然翻看到一张古代人画的《内经图》，竟然发现，我当时脑袋中长久出现的、如实景一般栩栩如生的那个镜像，与其类同。于是我惊奇而感叹，通过静坐能与同道古人意会相通，时空对话。原来古法所言不虚！

自终南山归来之后，我多年来身体的僵硬沉重之感和心中的烦躁抑郁开始消散了，久违的、少年时的、纯粹清爽的身心感受又回来了。

从此，我一直坚持静坐，每天如是，再未间断。

我的愿望

我学习静坐的经历，也许算是一种特殊体验。我不想更多地去描绘当时的体悟和玄妙，不想去强调我的静坐入门之法有多么神奇，只是想说：静坐，作为一种习惯，已经成为我日常生活的一部分。静坐，是一

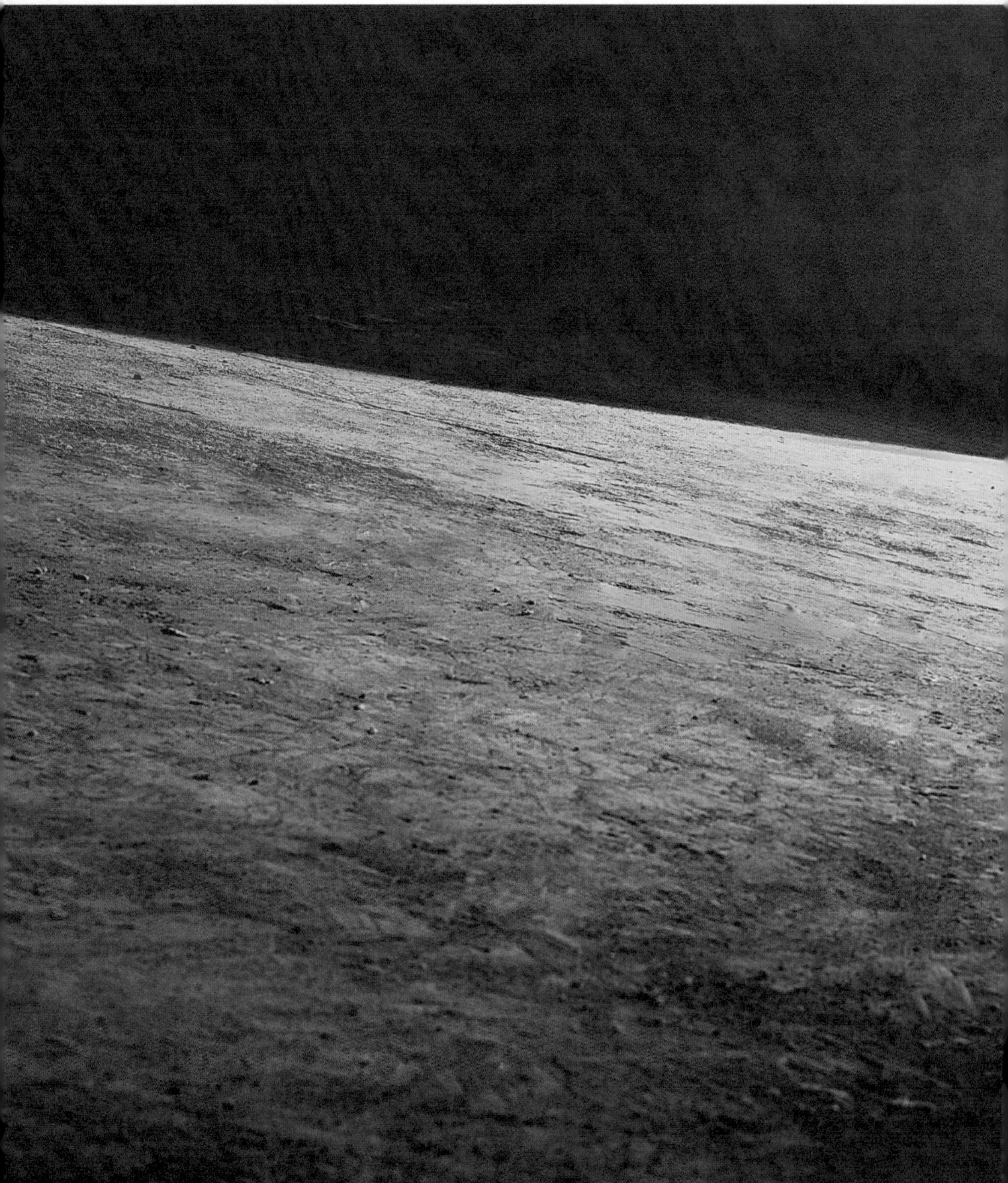

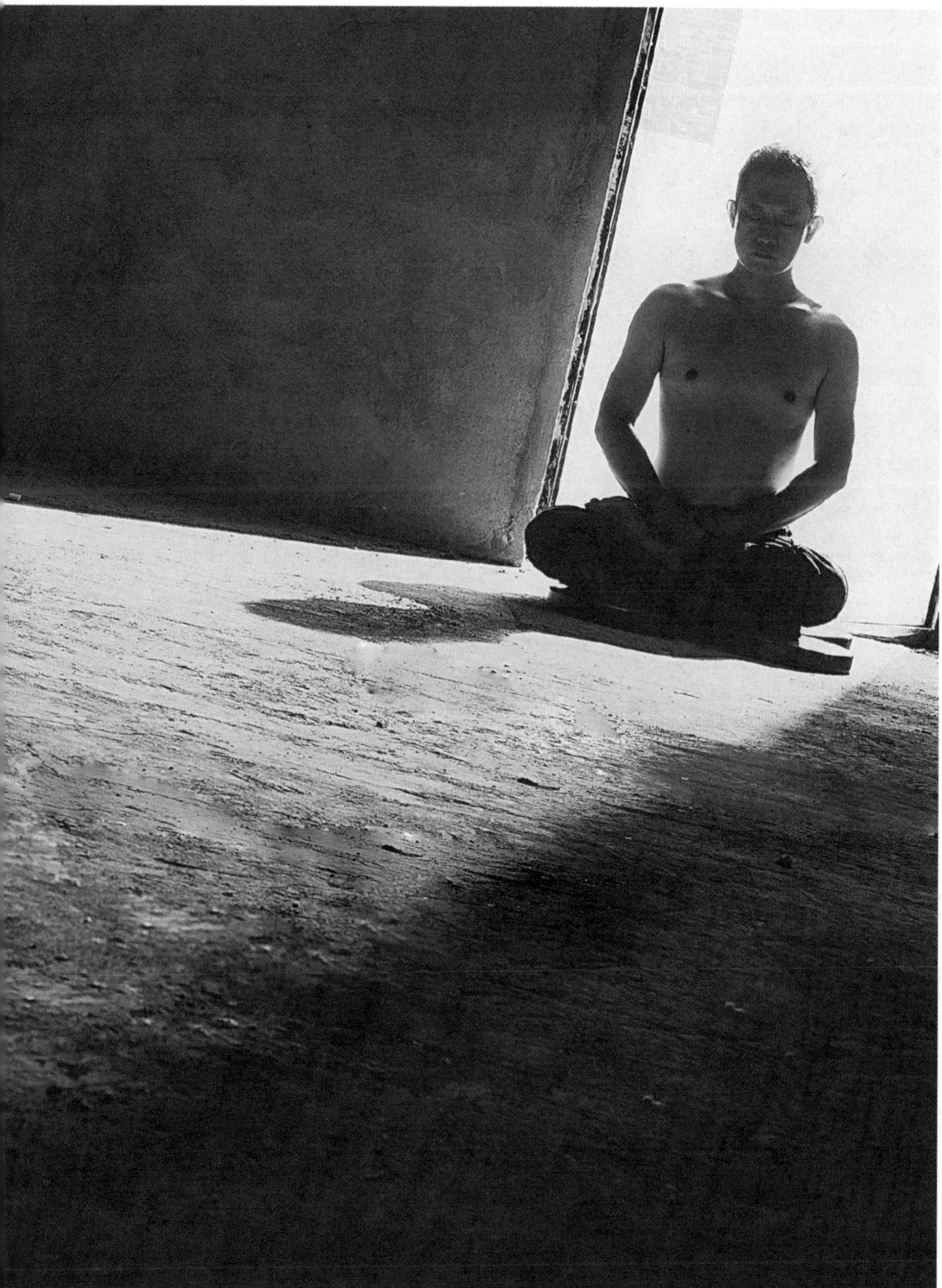

种坚持，真切地改变了我，让我收获了很多——从身体和精神上，让我更加乐观、主动、坚定、带着善意地去面对生活。

于是，我有一种冲动，想更深入地、全面地了解静坐。

我买来数十本与静坐、冥想有关的书籍，涵盖古今中外各个国家……都仔细阅读、思考。同时，结合自己的实修，不断记录下新的想法和感受。

读完前辈们写的这些书籍之后，我发现：中国经典中有一些与静坐有关的文字，但多深奥难懂，或已经因被现代人概念化而显得迂腐落伍；来自印度和日本的诸多阐述，则包含各自的人文和语言特点；西方学人，常常用现代物理学的概念、心理学的逻辑思维做实验来探寻，多传授些简单的实用之法，而无东方的语境和深邃。

我是媒体人出身，把自己定位为"传播人"。我特别想用大众传播思维，将静坐这么好的东西，让更多人轻松地来了解，不费力气地学会。

我更确信：静坐，超越任何地域和文化，是属于全人类的，任何人都可以拥有，都可以切身体验它的魅力。它其实并不神秘，入门更不复杂困难。

在梳理思路时，我力求坚持科学理性的态度，直击核心，去繁从简，表述通俗直白，同时又不失其更深层的探寻。我会赋予静坐新的概念和解释，力求严谨，使其成为一套相对系统的修身养性方法。希望读者通过阅读本书，获得更多的成长。

人类对于生命的探寻一直在持续，对人体和意识的认知也远没有到尽头。静坐让我们更多地关注自我，通过体悟感知获得新的视角。我并不认为自己是这个领域的专家，我也是一名学生，和大家一同践行、进步。

我的初衷很单纯，希望这本记录下我所思、所悟的小书，能够让现代人，尤其是年轻人，轻轻松松了解静坐的知识，能够循序而精进；能够仅记住一些关键词，就学会静坐。这本书将彻底打破你对静坐冥想的神秘印象。

这是一本有关静坐冥想的、通俗易懂的入门级读物，就像小学生的学习启蒙一样，希望由此开启属于你的神奇探寻之旅，希望你们能够轻松地看下去，能够喜欢。

最后，我想强调：静坐仅是一种手段，静心才是根本。让我们一起更多地关注内心，探索和享受静心的文化。让我们都有更多的定力，享受美妙的定力时刻，保持那份定力状态。

丁力于河南郑州

2019 年 8 月 16 日

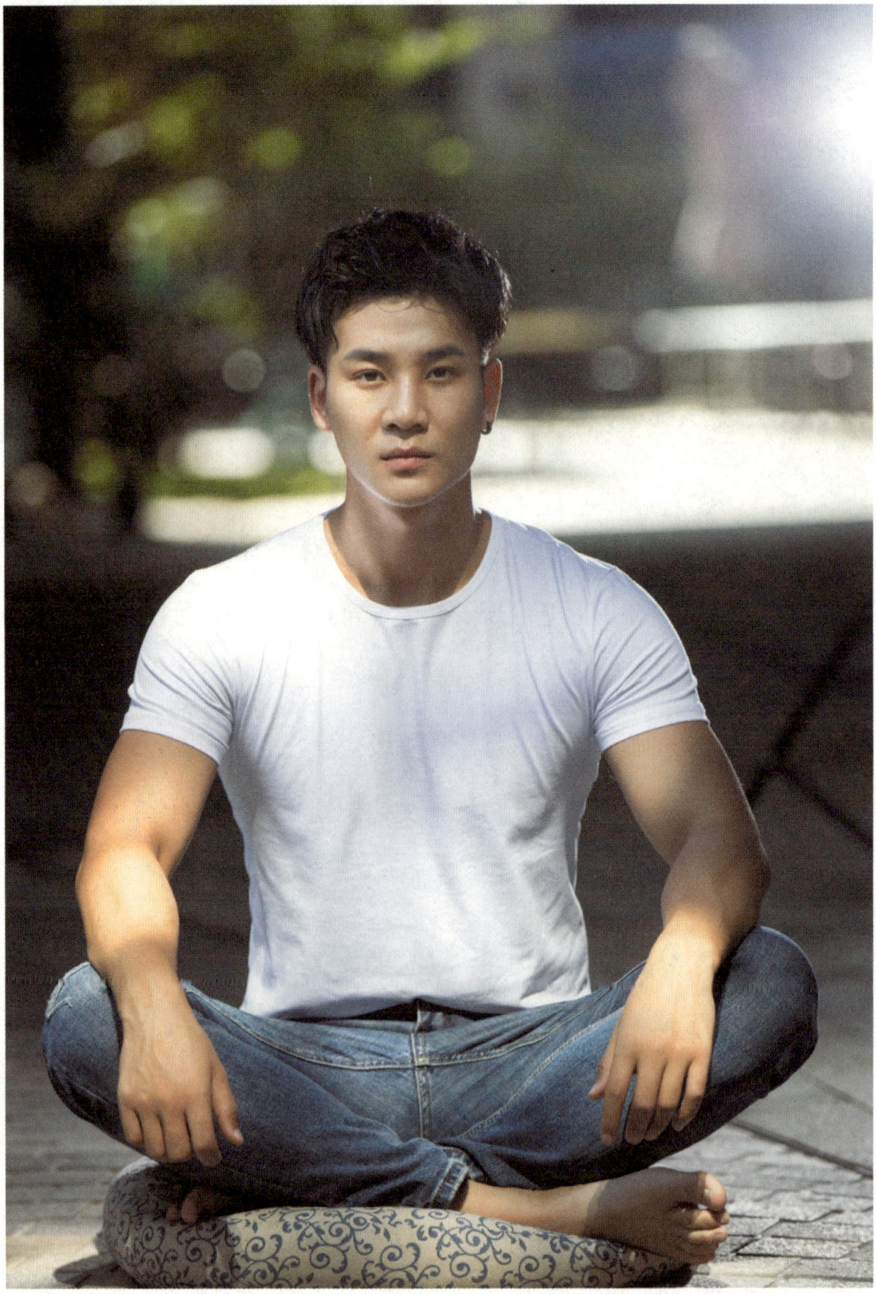

目录
CONTENTS

第一章
初识静坐   001

一个困惑   002

关于坐   005

相伴一生的好锻炼方法   007

说到静坐，你想到什么？   010

学，还是等等……   022

"静坐"新定义   024

静坐，古老而时尚   029

为什么要静坐？   033

静坐与情绪   036

静坐能带来更多……   046

怎么理解静坐的奥秘　053

古今中外名家谈静坐　058

有关静坐的名词　071

静坐的分类　072

几个问题　074

第二章

学会静坐　079

三个入门词　080

身坐中正　083

呼吸均匀　090

听想小腹　097

第三章

坚持静坐　119

简单的开始　120

静坐前后小锻炼　123

静坐入门三难关	125
静坐入门三好感	128
静坐的考评：愉悦度	132
静坐的持久：定状态	141
静坐八级学习法	147
练习中的常见问题	149
静坐与智慧	152

寄语	**165**
静坐心卡	**169**
问与答	**171**
参考书目	**199**
后记	**201**

阅读本章，你将更全面、更现代、更科学地认识静坐。

第一章 初识静坐

一个困惑

史蒂夫·乔布斯，苹果公司联合创始人、时代英雄，对他有所了解的人都知道，他的精神世界充盈着东方思维，在生活中崇尚素食和打坐。但是他在56岁时，被肿瘤疾病夺走了生命。于是一个奇怪而敏感的话题，让曾经的我很是困惑了一段时间。我想这个话题同样也会让不少爱思之人心生疑惑——

"打坐，还得肿瘤绝症，到底为什么呢？"

我曾拿这个问题请教过一位静坐高人，得到如下答复："得重症和打坐，有直接关系吗？乔布斯的个体疾病，与一个习惯行为有多大直接关系呢？"

从理性角度想想，也确实如此，总不能把每次生病的原因都归结于日常的吃饭睡觉吧！刻意地把两个本质可能没有紧密关联的事情联系到一起，或许是我们看似聪明的大脑的惯性思维。那位高人最后还补充了一句："浅层次的修行，本来也没有太多对生命进程起效的作用。"

之后，我看到一篇文章，说乔布斯授权他的传记作者写了一篇关于他的医疗和营养方面的报告。乔布斯如是说："生病以后，我意识到，如果我死了，其他人肯定会写我，而他们根本就不了解我。他们可能会全都搞错，所以我想确保有人能够听到我想说的话。"这篇文章的描述，似乎才是乔布斯自己认可的生命真相——确诊为肿瘤那年，乔布斯48岁，到他56岁去世，将近8年时间。而据医学推断，他的肿瘤可能在他二三十岁的时候就有了。于是文章里有这么一个推断：乔布斯长年的素食经历，恰恰延长了他的生命——"那些将乔布斯的疾病与他的素食习惯联系起来的人，也可以排除顾虑，继续保持健康饮食"。

因此，把乔布斯的打坐经历和他的肿瘤疾病关联在一起，是属于比较无厘头的臆测。而这种思维，往深里细想，大抵有这样一个潜在的逻辑：打坐很神奇！一定有特效！貌似因此断言："既然打坐了，就不会再得大病了！"

打坐是一种修行，不要把它看得如此神奇。

那么，我们到底应该怎样看待打坐呢？这本书将带你揭开关于打坐认知的神秘面纱。

首先，我们来统一一下称谓，我们先只讲"静坐"二字。中国传统文化的传播者、国学大师南怀瑾讲道："凡是摄动归静的姿态和作用，统统叫它为静坐。"

至于其他有关这方面的各种名词，如"打坐""禅坐""冥想""坐忘"等，稍后会有专门解释。

靜坐

关于坐

静坐的基本姿态是"坐",讲到"坐",很多人会有这样的直觉反应:

"本来坐的时间就长,还让我静坐,这不是对身体更不好?怎么还让坐?"

"坐?谁不会!这还需要学习吗?"

坐,确实是人人都会的、极为简单的一个日常动作。现代人已经有了一个保健共识——"坐久了要活动活动,否则身体会出毛病"。

久坐伤身!久坐对人的伤害确实很大。我们特别应该避免连续坐超过90分钟。

但是,此"坐"非彼"坐"。静坐和日常的"坐",差别很大。从坐姿到脑中所想,甚至给人的感受,都有天壤之别。有人说:坐比站好,因为不累,舒服!许多人喜欢懒散地瘫坐着,被形象地称之为"葛优瘫"。而我想说:静坐比"坐"不知要舒服多少倍!前提是要掌握这种坐姿的几个要点。

《说文解字》讲："坐，止也。"坐，本意指两人坐在土地上，停下来休息。"静，审也"，即去除杂念，自审内省。所谓的静坐，就是精神内守、内省休息，主要侧重于"静"。

如果用"平凡之中见伟大"这句话来形容静坐，再贴切不过了。日常生活中人人都会的坐姿，稍加调整，贯之以习练、坚持，便会带给你神清气爽、身心舒泰的愉悦，是那种千金难买的满足感。

静坐，作为调整自我既实际又易行的锻炼方法，值得我们每个人去尝试它，是我们一生应该掌握的技能之一。

相伴一生的好锻炼方法

静坐虽然看似神奇,但是一项可以通过学习便能掌握的技能,你会发现,在不断的练习中,身心得到了快速而有效的调整和滋养。而静坐的功效,尤其侧重对"心"的调养。

现代人注重健康和养生,也因此把运动视为生活的必需,每个人都希望能找到一种适合自己且容易进行的方式。你可曾想过——到底什么样的锻炼,能相伴你一生呢?

首先我认为必须符合这样三个条件:

(1)不是特别激烈的,能常常做的;

(2)不用多花钱,且没有太多条件制约的;

(3)能带来持久的、由内而外的身心愉悦和满足感。

当然,只要锻炼和运动,便总比不动好。不同的人或者不同的年龄段，喜欢的运动也会不一样。很多年轻人喜欢竞争性强、激烈、新颖的运动形式，在强刺激下产生快感，获取身心一体的愉悦和满足。我觉得，年轻时就应该去尽情享受些刺激的运动。然而，放在更长的时间维度上看，某些运动方式毕竟不能让你坚持一辈子。因为随着时间的推移，身体机能、生活方式和环境等外在和内在因素会产生变化，精力、时间、体能等都会是选择运动方式的变量。被左右的因素越多，你的运动形式和投入不可控性会越高。

能够伴人一生的锻炼首先应该不是特别激烈，不需要消耗大量体力，而是在平日里可以经常做的运动。因此，何不早些关注能坚持一生的运动项目呢？

其次，关于"好锻炼"和"钱"的关系。在如今这个商品社会中，"好东西卖个好价钱""便宜没好货"似乎成为颠扑不破、恒久不变的真理。这个世界的东西通过包装变得高大上，诱惑太多，因而需要我们拨亮心灯去甄别、去选择。然而，只要我们认真地想一下，就不难发现，真正最珍贵的永远是无价的，不是金钱可以换取和衡量的！比如青春、健康、新鲜空气等等。所以，请抛掉浮华，不要太迷恋于明码标价的功用，以及经过包装的烦琐体验过程。真正对于自我身心调整、对于生命健康有所助益的事情，往往不必那么复杂去做高成本投入；真正对自己管用的锻炼，不一定需要花很多的金钱和时间。

最后，来谈一下锻炼中的身与心。其实，任何锻炼方法，只是一种外在形式，背后隐含的是一个人的观念。比如，一个小伙子办了一张健身卡，给自己定的计划是每周到健身房锻炼三次。他内心的动机是让自己成为一个有力量的"肌肉男"——有八块腹肌，有一个酷帅的男子汉形象。从表面上看，他选择的是现在年轻人流行的器械训练运动方式，但从深层次来看，还包含着他的价值判断和审美观。而这往往会牵出另一个问题，难道只有肌肉才能代表男子汉吗？锻炼更多的是为了悦己，还是悦人？

因此，我想强调的是：一项好的锻炼，一定要能兼顾"心与身、内与外、短暂与持久"，而让内在更健康才是根本。

用心去体验各种运动方法，找寻能相伴你一生的好锻炼吧！

说到静坐，你想到什么？

　　静坐，是一辈子受用的一种锻炼方法。希望你能够学会和体验这一简单而又实用的方法，养成一种良好的习惯。正如我们所说，音乐可以陶冶情操，学习静坐则可以滋养我们的心灵。了解和关注静坐总没有什么坏处，哪怕不是每天能够坚持，只是在你特别烦躁或者无聊的时候，想了起来，坐下来试试，也好……

　　"静坐"这门亘古常新的学问，真的离我们现代人的生活很远吗？
　　我想给大家描述两个场景——

（一）

　　你可曾在某一个舒服的地方，就安静地坐在那儿，什么都不去想，不专注于任何事物，放松安详，甚至有些呆呆的。但是那时，你浑身极舒坦……

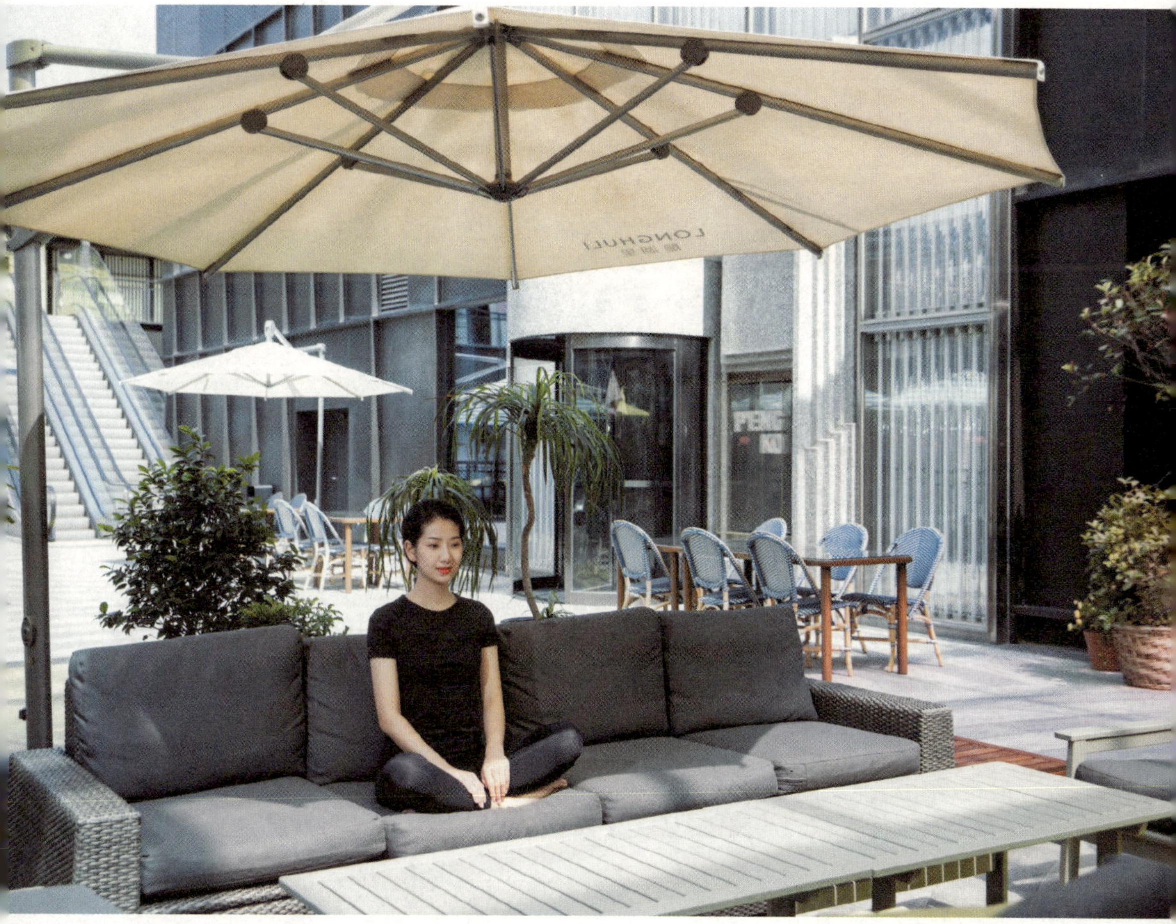
PENG
KO

（二）

你可曾在深夜，独自一人，仰望着星空，脑子一片空白，或者很自然地，来了一个清爽的深呼吸。

那时，你仿佛与天相融，身心放松极了……

你有过这样的短暂经历吗？或在旅游中，或在家中。那时，你感受到了什么——

平静、安静、静谧、极静……

有时候，满满的幸福感就这样自然而然地来了，充盈着你的周身，那是一种由内而外的、纯粹的喜悦。而你，那个时候就只是那样静静地待着。

一切皆动！相较于动，"静"，倒是一个很难得的状态。调皮捣蛋的学生像个顽皮的小猴子，老师对犯错误的学生经常使用的惩罚方式是罚站，不让动。而如今步入社会的我们，不管思绪或者身体多么忙碌，已难有这样善意的"惩罚"让我们好好地静下来。

身不动难，心不动更难，尤其是在意识清醒的状态下，能够做到身静和心静更不容易。

《庄子渔父》中言："人有畏影恶迹而去之走者，举足愈数而迹愈多，走愈疾而影不离身，自以为尚迟，疾走不休，绝力而死。不知处阴以休

影,处静以息迹,愚亦甚矣!"大意是说,有个人害怕影子,厌恶足迹,想要摆脱而逃跑。结果跑得越多,足迹也越多;跑得越快,影子却不离身。他自以为速度太慢,因此快跑不停,最后力竭而死……他不知道处于阴暗就可以让影子消失,处于静止就可以让足迹不见,实在太愚笨了。这则典故用影子和足迹来比喻现实,蕴含的寓意很有趣。

在多数情况下,我们与这个追影子的人何其相似!将快乐建立在对外物名利的追求之上,以为得到更多、攀得更高,便会得到更多的幸福、满足和快乐,却忘了幸福与快乐这种源自内心的体验,本质还在于我们的内心。当你的内心无处安定的时候,对外的欲望便无法停止,对于外物的追求便没有尽头,于是整日陷入碌碌无为的奔波和"追求"之中,任思绪纷飞,任欲望横生,任触手可及的幸福与自己擦肩而过。却不知道,当你真的静下来,哪怕是静坐片刻,便可在宁静之中理清所有疑惑,

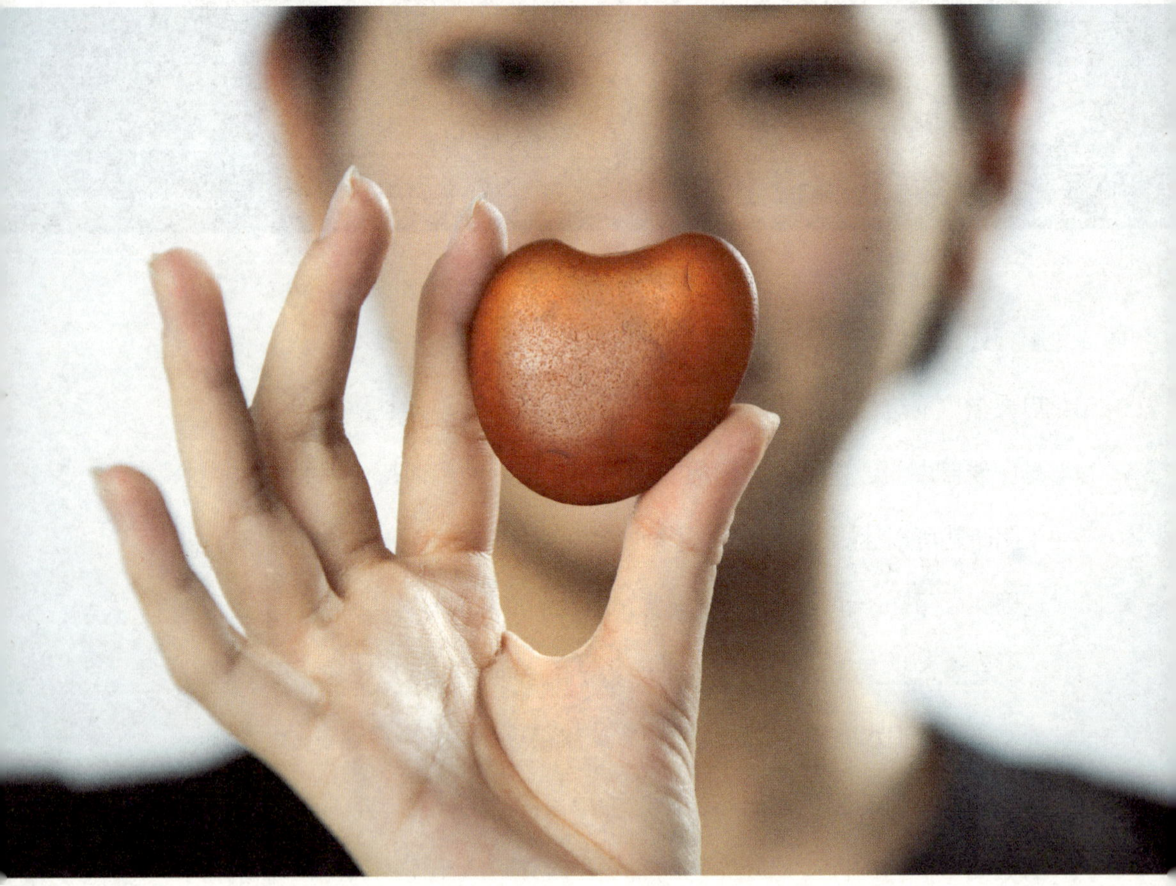

在回归的静谧中找回真实的自我。就像庄子在这则故事后所言:"今不修之身而求之人,不亦外乎!"我们不关注自己的内心而向外求,不是缘木求鱼吗?

人行于世,总会经历不同的阶段和旅途。在每一段新的行程之时,要明白,放下不成负担,拿起便是包袱,而心静处方见天地辽阔。

正如我们经常挂在嘴边的一句话所言:越想就越想不清楚!不是你不够聪明,而是你太过于投入这种思维运动之中,不肯让自己的大脑运行冷却。

"静",真的能给我们带来很多。对于"万物之灵"的人类,对于惯用大脑思维的我们,当我们真真切切地感受到极静的时候,意想不到的好感觉就会自然地来到我们身边。

静坐,如此美好,偶尔体验到的那种极静时刻会让你通体舒畅,如沐春风。静坐的意境,其实离我们很近!领悟静坐,其实不难!

在我看来,静坐是古代善于思考探索的聪明人,在日常生活中领悟到,并总结出来的一套技巧和方法。在那个遥远的时代,远不如现代科技这么发达、物质这么丰富。大多数人终日劳苦忙碌,而有钱、有闲之人也不多。如宋代大儒朱熹所言:"人若逐日无事,有见成饭吃,用半日静坐,半日读书,如此一二年,何患不进!"能够长久静静坐着的人,不是非富即贵,就是隐士仙侠。

他们"坐"的时间久了,甚至忘记自我,有了奇妙的感受和心得。

庄子在《齐物论》一文中还描述了这样一个场景："隐几而坐，仰天而嘘……吾丧我……闻天籁。"大意是：他内收凝神，靠着几案而坐，仰头缓缓地吐着气。那样子好像精神脱出了躯体，达到了忘我的状态，听到了大自然的天籁之声。这种状态，正是静坐达到较高状态下而获得的体悟。

于是，先贤们在不断地静坐体悟中发现有某种坐法很舒服。他们摸索着，掌握了些技巧，慢慢形成了定式。

学习静坐，体会静坐，获得静坐的益处，和你的身份、工作、地位、认知等完全无关，而只在于你是否愿意在日常生活中践行它！

说到坐姿，实在是不胜枚举，并且随着社会及物质条件的改变，坐姿也在不断地调整。椅子这种家具并不是我们的发明，在其还未传入中原之前，中国人在比较正式的场合往往采用"正坐"的方式，又叫跽坐，类似于现在日本人穿和服时的跪式坐姿。而更多的时候，那时的人们都是随意席地而坐。

既然坐姿如此之多，最终为什么会形成静坐这种公认的定式坐姿呢？

说到静坐，你的脑海中第一时间会蹦出什么样的画面？

可能是下图这样的。

对于大多数人而言，脑海中大抵会浮现这个画面。这种坐姿，是两

脚交错盘放而坐，叫"双盘"，在佛教中又被称为"跏趺坐"，道家也有将这种盘坐姿势叫"天盘"的。这种坐姿的人像，我们经常会在寺庙里和画像中看到。不管是佛教还是道教，被人们祭拜的、高高在上的圣像，常常被定格为这个样子。

难道静坐非要这种坐姿吗？两千多年前的庄子，已经在静坐。他用"心斋""坐忘"这样的词来描述入静时的美好感受。难道当时，他也这样双盘而坐吗？

显然不是，双盘"跏趺坐"只是在佛教传入中国之后，才逐渐被喜好静坐的国人所接受的。而且这种坐姿，对于普通人来说，是不大可能一下子做到的。即便硬掰着双腿勉强而坐，也会极不舒服，无法长久。

既然如此，就有了一个让人好奇的问题——"他们为什么会被塑成这个样子？"

关于这个问题，这里有一个颇为有趣的回答，让我会心一笑，而且颇为认同："这些神仙、佛爷，双盘久久坐在那儿，绝对是因为舒服。"

因而我也在联想：这些高人，在世的时候，很多时候应该也是这样双盘而坐的吧！于是他们的弟子或者信徒，自然效仿习之；继而在他们离世后，后人们便以他们生前最常态的一个姿势塑造形象，以供后世瞻仰和缅怀。久而久之，这个姿势和神态在代代相承中变得庄重与神圣，并充满威仪，甚至神神道道起来。

在中国，儒释道三教，无一不重视静坐。双盘，似乎被看成一种顶尖的坐姿，是静坐的一个象征。于是有人一听说你会静坐，往往脱口而出就问一句："你能双盘吧？能盘多久？"

每每听到这样的"提问"，我就很无奈……难道只有双盘，只有坚持这种看似高难度的坐姿，才算真正的静坐吗？

这里，我们要很单纯地来看这种坐姿，它到底有怎样的特别之处呢？我们能否先将双盘和静坐分开看待？

说到盘坐的来历，还有这样一个关于"雪山白猿"的传说。我曾经读过一本书，叫《呼吸之间》，作者李谨伯写道——大约七千年前，在喜马拉雅山上有一个部落，冬天经常有人被冻死，部落首领希望找到解决的方法。他观察发现，雪山上的白猴子，都是盘着腿过冬的。于是，

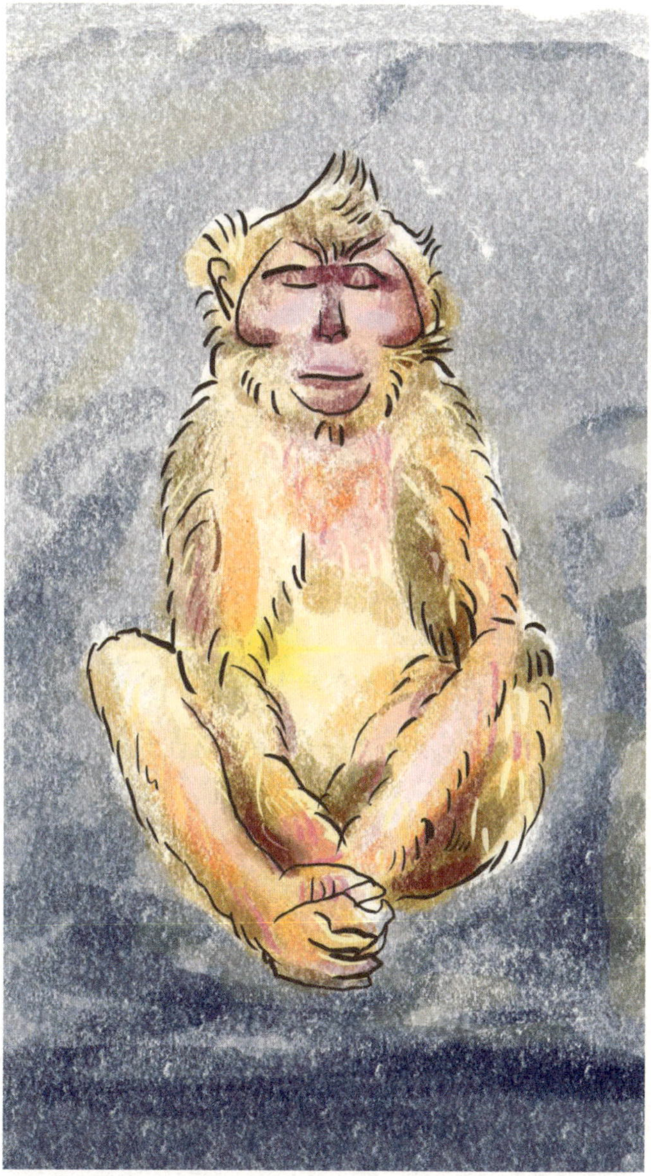

他效仿白猿的动作，总结出一套收聚能量的坐姿，终于让部落人安然过冬。这个动作后来传到了印度，最终成为佛教禅定的一种基本坐姿，就是"跏趺坐"，也叫"七支坐法"，强调盘坐的七个动作要点。佛陀说，这种坐法是修行的共法。

虽然这是一个传说，但能否给我们一些启迪呢？其实看似神秘的东西，回归本源，往往很简单，因为它首先必须是实用的。

在静坐学习上，我想强调一点：不要过于强调什么坐姿好，什么坐姿显得功夫深。坐姿，说到底，仅算是静坐的技巧而已。

总之，记住下边这两句话，你将会在学习静坐的道路上少走很多弯路：

凡是说得很神秘的，多是忽悠人的！
凡是说得很复杂的，也是难为人的！

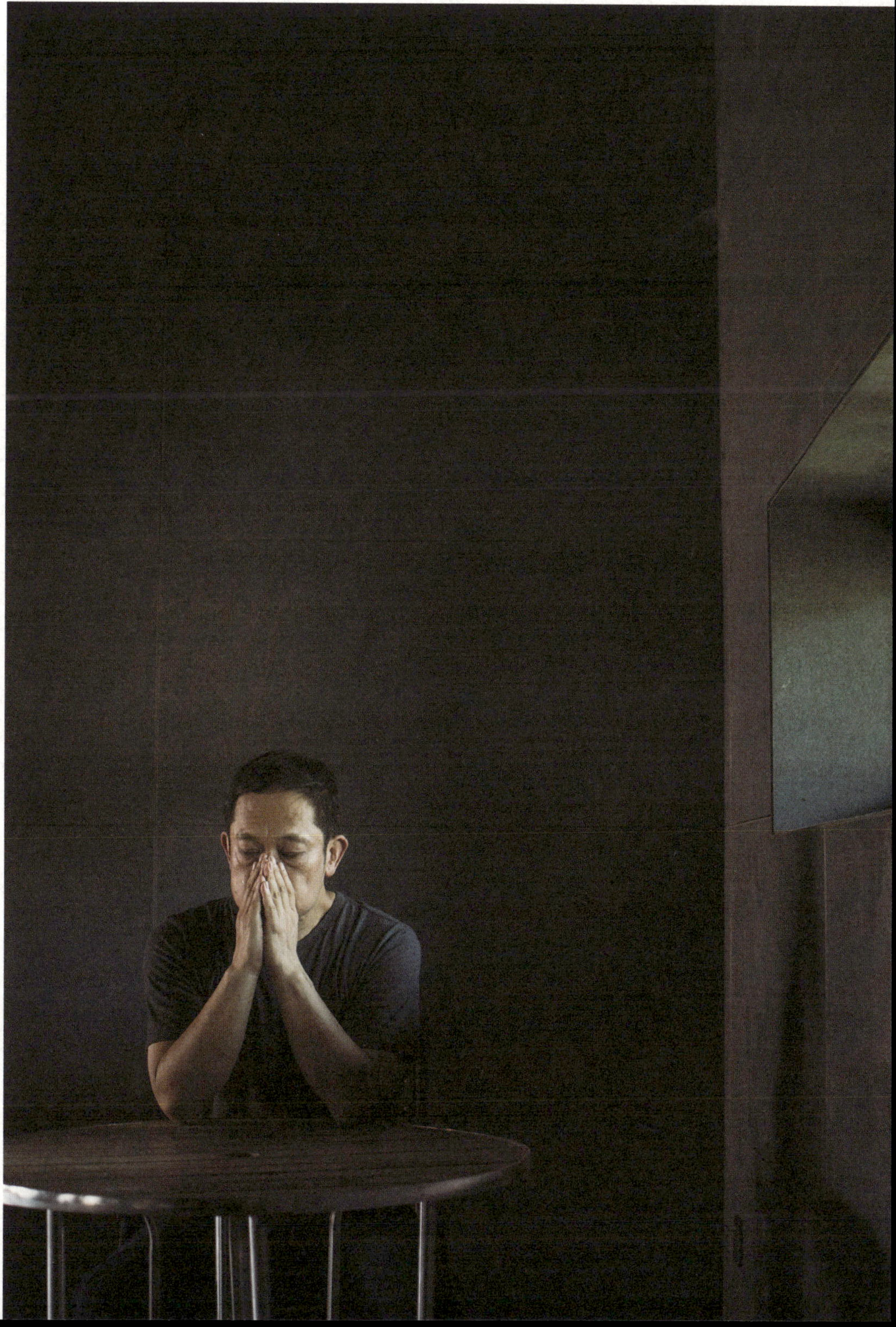

学，还是等等……

想学习静坐的人其实很多，但大多数人最终望而却步。归结起来，没有入门的人大概有这样几种心态：

（1）自我判断："我不具备耐心、专注、静下来的能力！"

（2）矛盾预判："我现在忙于奋斗，怎能静下来，不去努力？"

（3）太费精力："我要投入巨大的努力去学习和坚持，太累！"

（4）极其无聊："就坐在那儿，什么也不做，还有什么比这更无趣的！"

（5）完美主义："我把生活的一切打理好，再开始追求更高境界！"

能说什么呢？选择权在我们自己的手里！当下的生活本来就是一个个选择的结果，是"自作自受"。或许有时候虽然明白，只是浮华万丈，让人欲罢不能。放不下的皆成包袱，或名或利或奢欲。很多人都在做着自己认为"值得"的事情，"值得"成了执念最坚实的支撑，成了困扰的无解循环。在现实中，大部分人的内心是长久不安的。正因为如此，我们才要学会调整内心。更好地安静调养，绝不是逃避，而是更有意识地调剂，是为了更好地做事，书写人生更好的故事。

希望看到这里的读者，仍抱着初心和好奇，暂时清空一下自己。毕竟，学习是一件快乐的事情。

"静坐"新定义

到底什么是静坐?

静坐,是一种锻炼心身的技能,是一种找寻大智慧的方法。

简单地讲,静坐是"练心之法、智慧之学"。

这是一个有关静坐的新定义。在这个定义中,有这样几个关键词:"心身""技能""智慧"。

关于"心身":我们常说"锻炼身体",却很少说"锻炼你的心"。身体可触碰,是物质的,好像比较好把握。而心,看不见摸不着,甚至讲清楚都不容易。对于我们来说,心有多重要,不言而喻。有人将现代人大多数的疾病根源,归结为由心病所引发,继而提出心的训练是治疗现代疾病的最好方法。

静坐,是一种很重要的"练心"方法。中华传统文化强调"身心合一",因而更重视内在;静坐也强调心身的调和,心身都要放松,都要舒服。心身一体,"心"在前,"身"在后。静坐强调"锻炼心身"。

練心之法 智慧之学

如果把静坐视为一套运动理念和体系，而不仅仅是一个动作，就需要"动静结合"，静坐虽重在练心，但辅助的练身也是不可或缺的。

关于"技能"：技能是一种运用专门技术的能力。我们用现代科学的语境来说，把静坐之法定义为一种技能性知识，是想说明，有关静坐的技巧是可以通过理论学习、练习而掌握的，即强调其操作性和技巧性。这样的定位，是想将静坐与思想和信仰上要求的内容有所区别。我知道，可能会有很多高人不屑于这种说法，认为这是在贬低静坐，会弱化静坐所蕴含的更为丰富的内涵和境界。然而，本书对静坐给予这样的定义，是以现代认知的视角，为了让起步初学者更好地理解和掌握它。

关于"智慧"：知识可以传授，而"智慧"是学不来的。对于静坐初学者来说，这个词可以不用放在心上。有关静坐和智慧关系的认知，是随着个体静坐行为的不断精进而自然产生的体悟。到了某个阶段，你自然就会领悟——知"道"了，得"道"了。

这里，我权且借助"道"，简单讲讲智慧。

孔子对弟子讲："朝闻道，夕死可矣。"意思是：早晨得知真理，当晚死去，也值了。"道"，是中国人特别爱说的一个字。"道法自然"，茶有茶道，书有书道，吃也要讲味道。"道者，事物当然之理。"道，在中国古代，有时指万物的本源，有时指自然规律，有时也指观念和方法。自古以来，有人讲"人之道"，强调人的能动性；有人讲"天之道"，强调自然的力量。自然与人，天性与人伦，如何协同？这是人绕不开的命题。

人从生下来，就开始模仿，开始学习。我们学习的是"知识"，它来自父母、老师、长辈、古圣先贤等。说到底，我们传承和汲取的是"人"的知识，而且是经过人类感知、总结的一套知识。难道我们人类已有的全部知识，就能代表整个世界的真相吗？即便从我们现在高度发达的科学技术层面来看也知道，这是不可能的。人的知识，永远是对真理的一部分解释。我们秉承知识，但不能被完全局限。跳出固有的思维，跳出自我的视角，甚至跳出"人类"的视角来看这个世界，你这样想过吗？你曾尝试过吗？

在现实中，如果某人跳出固有的视角，具有多元视角和思维，能更加深刻、全面、真实地看待事物，那么我们就说他"很超脱，有智慧"。而所谓拥有大智慧的人，往往能够超越一般人的固有视角来看待这个世界。

这样的视角，这样的高境界，有两种方向可以获得。一是，科学之路。人类借助仪器、媒介，不断探寻到我们的感官无法感知的更多的层面。这是一条渐进的道路。二是，顿悟之路。在某种特殊的经历体验中，人真实感悟到很多自己不曾知道的道理和境界。这是瞬间联通的体悟，甚至无法言表。然而，这两条路不是水火不容的，两者其实是认知的一体两面。

现代静坐理念，需要手握科学之剑，拨亮生命之光。对于初学者，不必急于得到什么。好好静坐吧，自己去感悟！

上士闻道，勤而行之。

中士闻道，若存若亡。

下士闻道，大笑之。

大智慧的人，听闻真理，便会亲身勤奋实践；有智慧的人，往往时而记起时而忘记；愚昧的人，则不屑一顾。因而，当你认识认同静坐，并开始静坐的时候，不必在意别人怎么看、怎么说。人生是一场自己说服自己、自己看见自己、自己给自己幸福的过程。要明白，合群虽然可以体现一个人的外在价值，但有时独特的认知能塑造一个人的内在价值。所以，让我们一起用上文中老子在《道德经》中说的这句话来自勉，一起来研习、探索静坐的魅力。

锻炼你的心

静坐，古老而时尚

既然简单地将静坐称为一种技能、一种锻炼的方法，那么能否和其他运动方式，如游泳、跑步，来做个比较呢？它们之间的区别到底在哪里呢？

静坐，是自古修身养性之人热爱的方法，是跨越种族和性别的一项简便的修炼之法。

静坐有数千年的历史，深受世间各大哲学思想门派的推崇，是人类传承至今的一个伟大传统。

我们常说思虑越少，往往越单纯快乐；然而智者往往是煎熬的，他们总爱想一些无极的哲学命题——

"我从哪里来？"

"人为什么活着？"

"怎样找到根本的幸福？"

"什么才能永恒？"

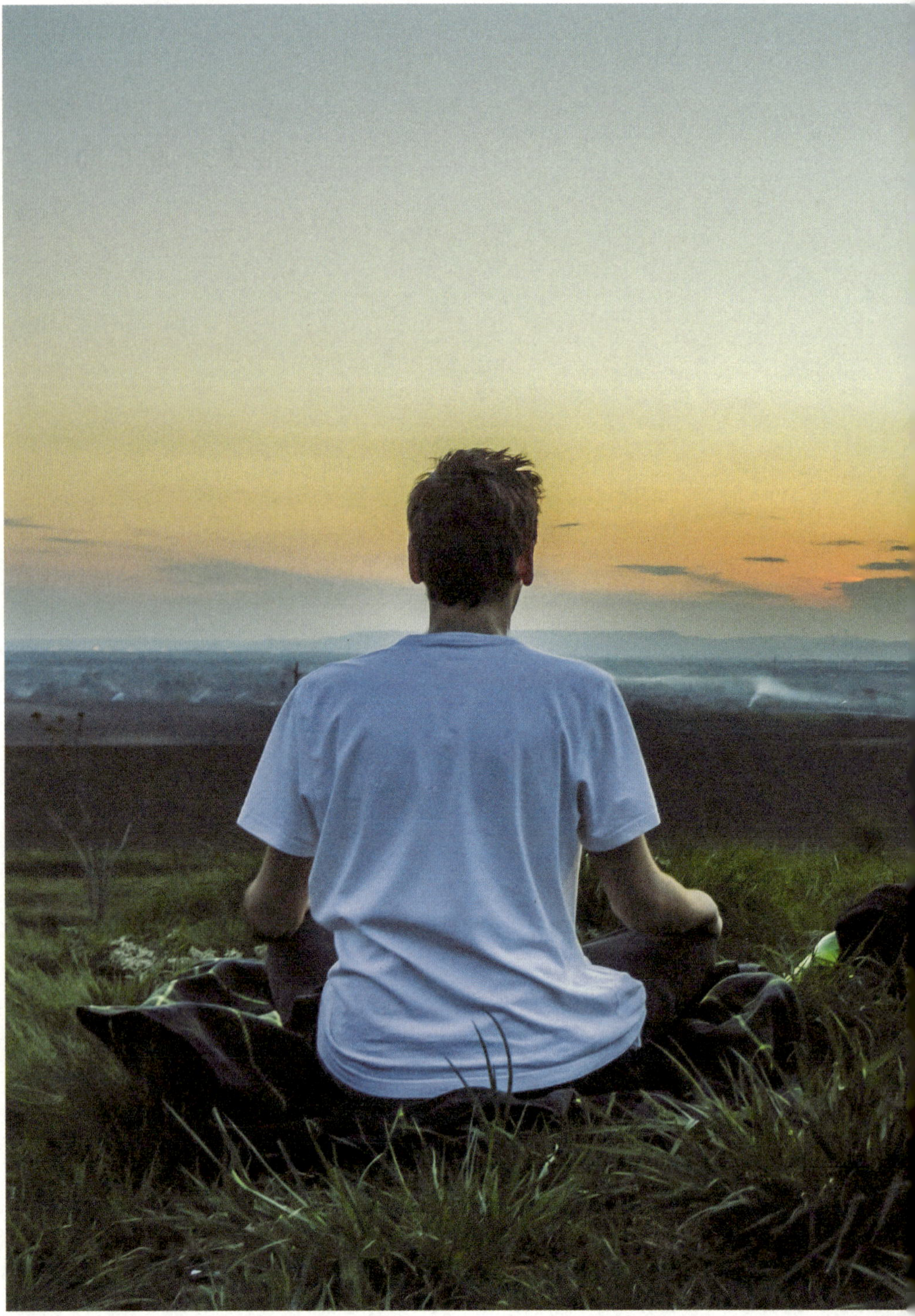

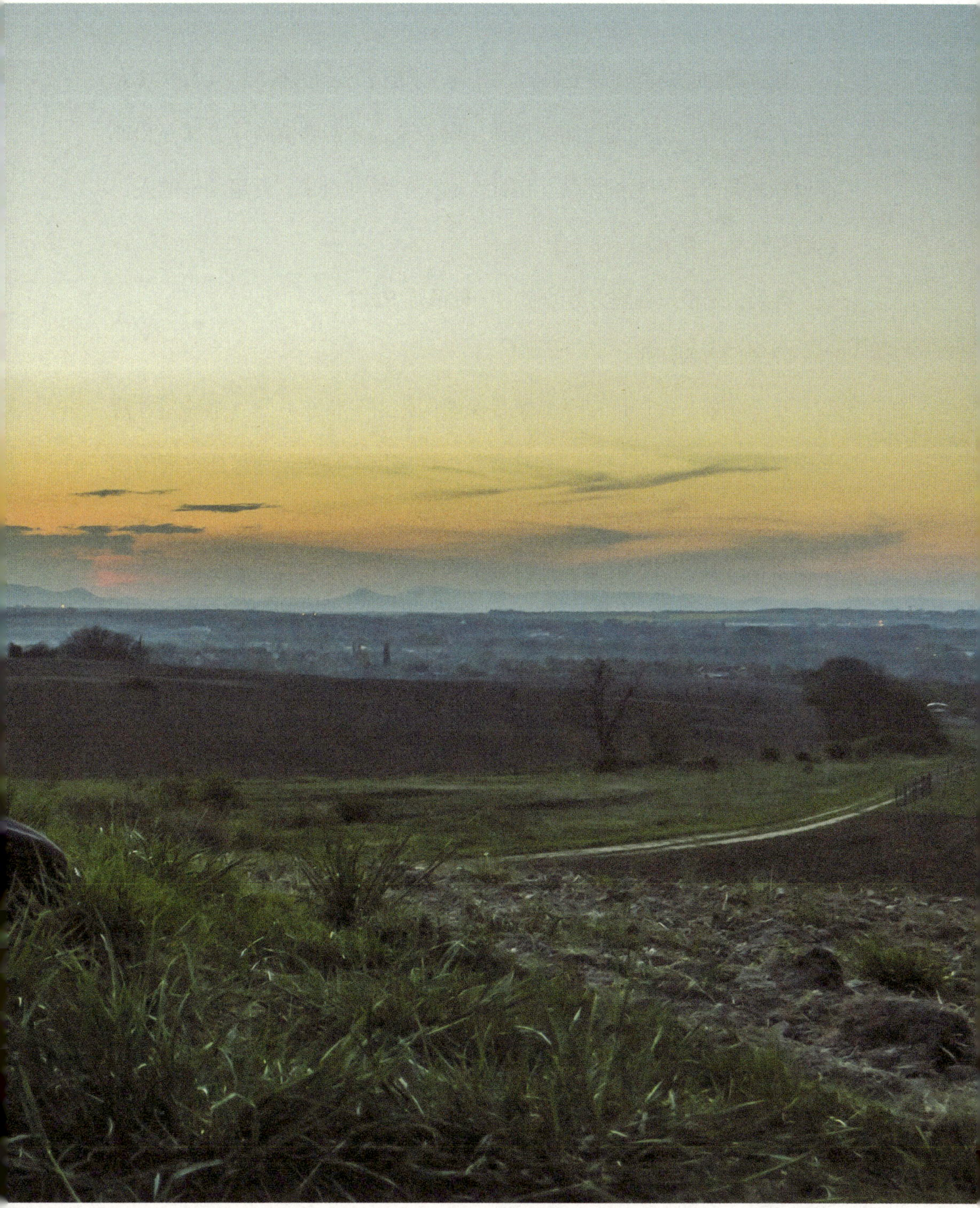

智者的内心是能够静下来的。所谓"求道之法静为根！"（汉代《太平经》）只有在纷扰的思绪或境遇中静下来，才能够清晰地去探寻和理清内在的需求或问题的本质。因此，越是有精神追求、爱用脑子的人，越容易喜欢上静坐。

静坐，是很适合脑力劳动者的一种锻炼方式！

静坐，历久弥新。

几十年前，美国的医学界康复保健医生首先将东方的冥想静坐方法与现代医学心理和调息疗法相结合，尝试应用于临床治疗精神方面的疾病，逐渐形成了具有美国特色的"菩提冥想（Bodhi Meditation）疗法"，从而迅速在西方流行开来。于是从西方到东方，这个古老的修身养性方法被赋予新的时代含义，重新被我们认知。

用一句话来讲，静坐是已在世间流行千年、被古今中外的修身养性人士竞相推崇的一种既古老又时尚的锻炼方法。

在这里，我想再次强调：静坐与任何宗教无关！

为什么要静坐？

很多人还没有开始静坐，就爱刨根问底地问一个问题：

"静坐的目的到底是什么？"

好像没有一个能充分说服自己的、实用或者伟大的目标，我们就下不了决心去真正开始学习似的。我们到底是该享受"过程"的幸福呢，还是"结果"的满足？大多数现代人都抱有成功学的逻辑，惯用的思维模式是先设定目标，制定愿景，再胸怀使命，努力拼搏，最后奔向目标。在我们的经历中，可曾尝试过"只管耕耘，莫问收获"的方法？或许，有时候去做，就好了；好的事情坚持做，自然会有好结果。这种方法可能不理性，但很洒脱。

初学静坐，不建议做大而空的设想，从点滴做起，先不要去想那么远的事情。首先从一些很容易达到的小要求开始，比如规定自己每天坐一次，每次五分钟。静坐，更需要自己沉浸在当下，享受那片刻的自在。

其次，心态非常重要。不问结果，不管过去和未来，只讲此刻。如果说静坐的目的是"练心、养心",那么如果就在此刻,你坐着,感受到自己比刚刚更加平和了,那就够了。

坐!就好……

在这里,我还是把静坐带给人类的改变——罗列出来,给诸位朋友展示一下。看看别人怎么想,也让自己少走弯路。

改善健康:情绪平和了,各种病就少了,健康会改善。
心情愉悦:训练安定的能力,定力好了,愉悦感会增加。
开发大脑:训练专注力,思维洞察力、创造力将增强。
生活调节:安抚情绪,去除焦虑,减少压力,让自己更平和。
生活方式:寻找幸福的钥匙,内求,安定,简单,本色,快乐。
自我实现:得正念,知行合一,身心畅然,让潜能充分发挥。
修身养性:脱离俗世,以求至纯与恒久。

以上的内容仅是罗列,不做评价。对于我们大多数普通人而言,若非要讨论静坐的目的,或许可以思考一下这段话:

静坐,绝不是消极避世,也不是为了得道。静坐,能让你的心得到锻炼,获得安定、平和,让心充盈、舒服、安定、灵动成为你的常态和习惯。这样,在日常的生活和工作中,当面对任何困扰和难题时,你都可以安详、从容地去应对。如果说,静坐是方法,那么心安、心定,才

是目的。

　　静坐，是一场去芜存菁的内心旅程，是丢弃纷繁芜杂的欲念、回归本心的过程。若开始静坐之后，你能够内心充盈，果敢坚定地面对一切，这就足够了。

静坐与情绪

要说静坐的直接效果,首先就是调整情绪,改善健康。

据世界卫生组织统计,90%以上的疾病都和情绪有关。改善健康,就要从情绪和压力调节入手。

情　绪

负面情绪是健康最大的杀手!我们知道:非常大的情绪波动,对身体不好。早晨,人们一般情绪平和;一旦忙碌起来,就会有波动。如何管控好情绪,是历久弥新的话题。

经典著作《中庸》的第一章开篇就讲到人性、学习和情绪。"喜怒哀乐之未发,谓之中;发而皆中节,谓之和……致中和,天地位焉,万物育焉。"儒家讲,情绪还没有表现出来,叫作"中";表现出来时,能够很自然,恰如其分,叫作"和"。如果能够达到"中和"的境界,各方面就会安然而尽兴地发展。大多时候,一个人的情绪,很难做到引

而不发。情绪往往是因为观点或者利益上的冲突所致,我们所处的位置、周遭的环境,都会给我们的认知画上一个界线。界线之外不同的观念或事物往往会造成对既定思维的冲击,从而引发一系列情绪的对抗或者愤懑。然而,如果我们能够跳出自身的局限来看,这些干扰又如何能造成内心的波动呢?既然能够跳出自身的局限去对待万事万物,在表达的时候便不会轻易偏颇,这就是"和"。没有偏颇、不拘泥于当下的局限,以更加中立和超脱的态度有所为有所不为,那凡事又怎会不自然而然地向上而从善呢?

这些经典给积极向上、努力奋斗的人指出一条成功的路径:在社会上做事,首先要对得起自己(诚意,毋自欺),要学会独处(慎独),

继而要端正心态、管控好情绪（正心），只有让自己更好（修身），才能做更多、更大的事情（齐家、治国、平天下）。

所以说，情绪和心境是如此重要！心意诚恳和端正，是做事的基础。"拍拍良心！"我们中国人常在艰难的选择时刻说这句话。为何不说"拍拍脑袋"呢？如果说脑子代表理性和智力，那么"心"，则代表情感和良知。

锻炼你的心，做好情绪管理，是每个人的人生必修课。

压　力

有点压力，是正常的。良好的生活状态，需要时时有些压力。但现代人，往往压力太大，以至于我们总感觉自己不能彻底放松下来，身体总像穿着一层沉重的铁衣。

"慢性压力是大脑杀手！"

让自己从紧张状态中松弛下来，可以通过不同的系统方法来放松自己。放松有两层意思，包括肌肉放松和心理放松。

有人探讨过怎样才能算是真正的放松，协和医学院临床医学博士张遇升给出了这样的说法。

他认为，真正放松的状态，有三个特点：

（1）身体上相对静止，但大脑相对聚焦；

（2）对自身身体和周围环境产生深度的觉察；

（3）可以独处时完成，并且之后不会有任何负罪感。

这位博士提到了"静"与"独处"。他同时讲到，肆意妄为的玩乐并不能带来真正的放松，像夜店整夜嗨歌这样的娱乐，就不等于放松！这仅是用外界强烈的刺激，通过快速短暂的多巴胺分泌，来获得短暂的快感，而快感是不能长久的。快感固然是需要的，尤其是对年轻人，但我们要明白，能够持久的愉悦感和幸福感才是最值得追求与拥有的。

睡眠，对于减压非常重要。"累了就倒头大睡"，本来是最简单的放松方法，但是多数人现在越来越难以入眠，越来越难以进入深度睡眠。一觉醒来，神清气爽一身轻的感觉，对于很多成年人来说已经是一种奢望。

想彻底放松，情绪和心的调适是关键。睡觉只是让自己放松的方式之一，但绝不是最好的，而且不要让混沌的睡眠成为逃避现实的某种手段。我们还是要学会在意识清醒的状态下调整内心，面对现实。毕竟，"心病还需心药医"。

学会真正的放松是一种能力！

但我们普遍缺乏这种能力，放松需要训练，我们要学会有意识地彻底放松。

神　经

专业人士说过：放松的本质是激发副交感神经系统，关闭原来兴奋的交感神经系统。

交感神经系统：人在遭受攻击时，交感神经系统会让身体迅速做好"打或逃"的准备，产生"搏斗或逃跑"的反射。此时，心搏加强，心跳加速，瞳孔散大，消化腺分泌减少，疲乏的肌肉工作能力增加等。交感神经的活动主要保证人体在紧张状态时的生理需要，是人体暂时性的反应。交感神经系统也叫"压力反应系统"。

副交感神经系统：保持身体处于安静状态的生理平衡。此时，胃肠活动增进，心跳减慢，血压降低，性器官分泌液增加。副交感神经的活动保持了身体能量，储蓄了能源，测量时大脑会出现放松和专注状态的α波。

当我们了解了这两个科学名词之后，会更有意识地主动调整我们的身心。人只要常常处于相对悠闲的、平衡的状态，体内所有的器官及生理系

统必定都处于比较良好的状态下。而难以放松的失衡状态，是万病之源。

所以，我们要——

学会自主调换神经！

"偶尔一次的身体奇妙快感，不足为是。只有可以自由地反复才算数。自己不能做主的，都是虚妄不实的。"南怀瑾说的这句话，能给我们这样的启示：你要学到一种技能，能自己做主调控你的身心，只有这样，才是真正对自己管用的东西。

"静坐，让人在面对压力时，由原本非自主的反应，变成一种自主、可训练的状态。"

"人体细胞在放松时所引发的整体喜乐感，是一般感官的快感所无法比拟的。"

喜欢静坐，并用科学的方法研究静坐的医学博士杨定一老师说的这两段话，再次向我们指明，能够自主调换神经的好方法是——静坐。

静坐，真的这么管用吗？在回答之前，我想先问一个"脑筋急转弯"的问题：

在这个世界上，谁是最放松、单纯和快乐又最有力量的人？

【思考3秒，找出你的答案，看下一页】

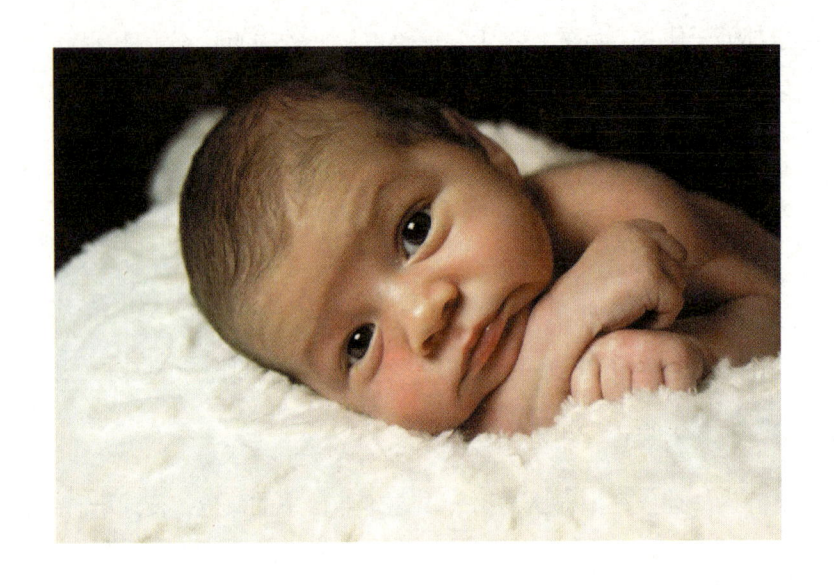

对！我给出的答案是：婴儿。

婴儿对这个世界、对人没有任何防备，饿了就哭，饱了就睡或玩儿；有麻烦了就哭，没事了立马会笑，完全是最单纯的反应。婴儿大多数的时间处于最放松、最快乐的状态。

老子在《道德经》中多次提到过："专气致柔，能婴儿乎？""常德不离，复归于婴儿。"

婴儿在这位智者眼中，代表着至纯、至真、至柔、至坚。婴儿自出生来到这个世界，只有成长的方向。在古人眼中，婴儿是"纯阳之体"。赤子和水，老子都情有独钟。在他的价值判断中，"柔弱"是生命力积聚的状态，也是真正有力量的象征。

西方的哲学家尼采也喜欢"婴儿"，他用骆驼、狮子、婴儿来比喻人的"精神三变"：从被动听命的骆驼，到主动勇猛的狮子，最后到享受当下的婴儿，这是三种境界。婴儿在哲学家的眼中，代表破坏、反思之后能创造新价值的力量。

婴儿是我们的初状态，也是我们的起步状态。成长，让我们成为大人，成为一个社会人。我们通过学习人类积累的知识，有了概念、标准和判断，有了追求和目标。

区分人，有很多分类方法。如果使用很形象的分类方法，人可以分为两类，你更接近于哪一类呢？

"硬人"

硬人极其适应高速运转的社会，目标明确，是非分明；效率极高，能够一心多用、多任务处理，常常让自己处于战斗状态，全力应对挑战；暂时性的交感神经反射成为常态；感官不再平衡，失去自然的节奏。

"软人"

整个人节奏都慢了半拍，平和、沉稳，也敏感、单纯。减少了概念和习惯的影响，时常营造出只属于自己的"无心"时间。善用被唤醒的、内心深处的力量，如婴孩一般，全新、全心地面对世界。

你到底是硬人，还是软人？

其实，这样极端的分类只是想让我们把问题看得更加清晰而已。在现实社会，希望我们成为一个"中人"，会用更有效、更加适合自己的方法，调和好社会和自然的属性，既有所成就又不失自我。希望经过了社会的磨炼，我们还保有或者回归赤子之心。如果能够这样，也算是一种"天人合一"了。

现代人太依靠头顶的大脑了。中医理论是这样描述心和脑的："心者，君主之官也，神明出焉。""头者，精明之府。"心主神明，即我们的内心决定了我们的思维和意识，所有的聪明才智都来源于此。心和脑，两者能否结合得更好些呢？

静坐，无疑是一个已经被古今中外很多人验证过的方法。静坐，改变心灵，增长智慧！

静坐，究竟适合你调整自我吗？

静坐，能给你带来怎样的改变呢？

硬人

中人

轻人

静坐能带来更多……

如果说静坐能带给我们情绪和身体方面的改善,那这仅仅是副产品。下面有三个关于静坐的特别实验。

【冥想实验1】

目的:冥想如何影响应试能力?

实验人:美国加州大学圣塔芭芭拉分校

方法:一些大学生被要求先参加一次GRE(美国研究生院及商学院入学考试)。然后,学生们被分成两组,一组开始接受密集的冥想课程培训,另一组则进行"填鸭式"的补习。两个星期后,两组学生再次参加GRE考试。

结果:没有上冥想课而进行大量补习的那组学生,成绩没有任何提升;

参加冥想课程的那组学生,口语考试平均成绩从460提高到

520。此外，在有关记忆力与专注力的测试中，冥想对成绩也有显著的提升。

报告结论：冥想的人，专注力和记忆力更持久。

案例来源：《用安静改变世界》，拉塞尔·西蒙斯（美国）著。

【冥想实验2】

目的：试图证明冥想与同情心之间的关联？

实验人：美国东北大学和哈佛大学

方法：实验对象被分成两组。一组什么也不做，一组上了几个星期的冥想课。当课程结束后，两组人被要求前往一位医生的办公室，然后研究人员把一个挂着拐杖、看上去痛苦不堪的人（其实是演员装扮）送进座无虚席的房间，想看看在房间内等候的实验对象会不会站起来让座。

结果：没有上过冥想课的那组，只有15%的人站起来让了座；上过冥想课的那组，50%的人让了座。

报告结论：这些结果似乎可以证明：冥想可以使人们对"众生"怀有更多的同情心与爱心。

案例来源：《用安静改变世界》，拉塞尔·西蒙斯（美国）著。

【冥想实验3】

目的：静坐的降压效果。

实验人：111位55岁以上的高血压患者

方法：分为三组，三个月时间。

（1）超觉静坐组：教人身心平静放松；

（2）肌肉放松组：教人绷紧、放松全身各处不同肌肉群以进入深层放松；

（3）卫教控制组：教人留意饮食，配合运动，试着以非药物方式调整生活。

结果：第一组血压降幅明显胜过其他两组，舒张压降了6.4mmHg，收缩压降了10.7mmHg，成效几乎是第二组的两倍；第三组收效最小，几乎不变。

报告结论：静坐对于高血压患者是有行为式减压的效果。

案例来源：《静坐的科学、医学与心灵之旅》，杨定一 杨元宁著。

很神奇吗？这是所谓试验的印证。其实，像这样的内容还有很多。近些年，不管国内还是国外，有些科学家和医学家在不断深入研究静坐冥想这一行为，相关的实验和数据也时有公布。如果你对用科学的方法来证明静坐对人身心的影响有兴趣，可以去查阅专业的论文和本书推荐的参考书籍。

想证明一个事物的好，或者想做一件事，人都能找出很多理由。关于静坐冥想的训练，近年来在欧美已经渐成风潮。关于这方面的文章也比较多，人们总想在行动之前，找到让自己信服的理由，然后再开始行动。下面这些信息，主要是来自西方的描述。

《哈佛幸福课》中关于"如何收获幸福"，给出了四个建议：

（1）每周4次半小时的身体锻炼；
（2）每周6—7次15分钟的冥想练习；
（3）每天保证8小时睡眠；
（4）每天至少12个拥抱。

简单地讲，就是"身体锻炼好、心灵冥想好、睡眠好、爱意表达好"，人就会获得幸福感。大家看到没有：第一条是体育锻炼，第二条就是静坐冥想，他们也强调动静结合的运动方式。

另外，还有这样的说法和科学研究结论：

——哈佛大学附属麻省总医院的一项"脑成像研究"发现，经过为期8周的冥想课程后，大脑会发生物理变化。大脑中与学习、记忆、自

我意识、同情心和内省有关的区域活动增多，杏仁核的活动减少。长期冥想能促进脑细胞生长，延缓脑萎缩速度，使大脑保持年轻。

——定期冥想能够使中年人的大脑年轻 7.5 岁。平均静坐经验 2.8 年的短期静坐者，比实际年龄年轻 5 岁。

——等同于抗抑郁药物疗法，致病可能性降低 50%。增强大脑活力，恢复自我修复和自我平衡机制。

——在打坐过程中，脑细胞会开始分泌内啡肽、血清素，帮助人体放松神经，产生愉悦感。

——只要深坐5—10分钟，相当于深睡7小时。人的大脑耗氧量就会降低17%，而这个数值相当于深睡7个小时后的变化。

——静坐，会使人感觉到从身体深处生出轻松、舒适的生命能量，就像身体内部被一双温暖的大手按摩过一样；就像给心灵做了一次按摩，洗了一次澡；就好像是在给神经系统做按摩，让这个"调皮的孩子"安静下来。

——双盘坐姿，可以快速地塑造美好体态，可以快速减掉身体的赘肉。练习双盘的人，很容易保持腰部和腿部的优美曲线，控制身体上半身与下半身的能量平衡。

好吧，好吧，静坐还能塑身，爱美的女士们可要记好了。

当然，美国官方的相关机构也正式确认了这种方法：20世纪80年代初，美国FDA（食品药品监督管理局）承认冥想是一种疗法，并正式使用"菩提冥想"（Bodhi Meditation）这个规范的英语单词。冥想被FDA推荐用于辅助治疗焦虑、失眠、抑郁、虚弱、慢性疲劳综合征等病症。研究显示，一些现代医学不能彻底治愈的疾病，在进行冥想疗法之后，会得到明显地缓解。

就到这里吧！这样的数据和案例实在不胜枚举！

但我想说的是，静坐冥想，在古老的东方早已传承数千年，而在欧美国家获得专业和主流的肯定是近几十年才有的事情。现代人，尤其是西方人，用他们生动的语言表达和娴熟的传播技巧，将这种被他们的精英阶层称为"最高级的保养"的方法，变成了很酷炫、很时尚、很高级的东西。这股风潮，由西而东，又影响着我们，让我们尤其是年轻人用一种新视角，来重新审视老祖宗留给我们的这些"传家宝"。

这真是一次别样的轮回！

怎么理解静坐的奥秘

强调一点：我真的不想引用什么科学论证和数据，来证明静坐有如此多的好处。这些研究还是过多局限于物质和浅显的认知层面。其实静坐对人整体，特别是对心灵的塑造更为重要。

静坐是如此简单，又如此奥妙。

那么用现代的、通俗的语言，能否来解释一下静坐的奥秘呢？

我想这样来理解静坐。

我们都是社会人，平日以"外求"为主，而静坐以"内求"为主。内守，收聚能量，让身心更敏感、更滋养。

"人体是一个小宇宙！"很多机能在自行运转，如消化食物、伤口止血愈合等等。我们无法控制，感知也不多。而且，生活的忙碌让大多数成年人对身体的感知愈发不敏感。

静坐，让你能够或者至少开始更多地直面自己，直面自己的身心。

静坐，是在探寻人体这个小宇宙，就像你从未到过的一个陌生的地方。它们原本在那儿，只是你原来并不关注它们。而现在，你开始在意它们了。

静坐，也是让能量内聚的一种方法。当内在的能量聚集越来越多，它自有一条运动路径，它的运动规律也越来越显著。就像一条路，越修越宽，能走的车就越来越多。也像你的一个孩子，你在养他，锻炼他，他越来越成长，越来越有劲儿，然后，他就自行、自在地发展了。

静坐，让你学会"收"。

静坐，绝不是让你避世消极，而是让你能收能放，本真而灵动。

静坐，让你更自在、平和地面对自我，面对外部世界。

再简单点来讲：

人体是一个小宇宙，

你不需控制什么，只需让它彻底静下来。

然后，

一切开始遵循它自己的逻辑，

一切又开始生机盎然。

如果比喻能够让人更好地理解抽象难懂的事物，我会这样来描述静坐，它是：

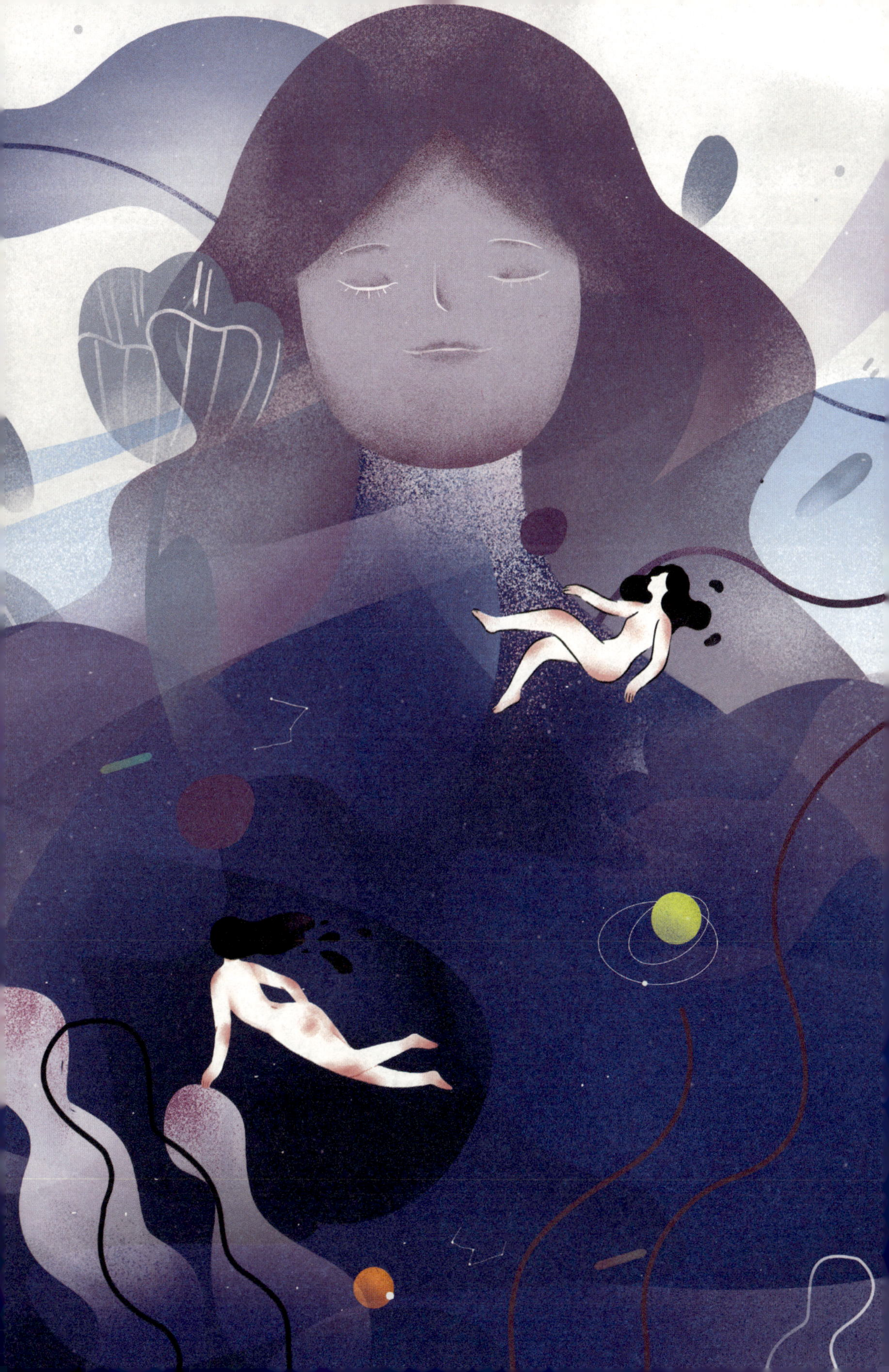

探险之旅：一次持续一生的探险之旅，一次单纯的旅行；

揭开面具：自我探索，揭开自己的层层面具；

回归之路：不断找回青春的身体记忆、年少的清爽感觉，甚至如赤子般，身心完整同一，自然、自足、自由；

心灵之舞：只管尽情地跳舞，为了跳舞而跳舞，哪管结果；

神观万物：以另一个视角来审视自己，包括身体和思维。它超脱自我，用全新视角和方法感知世界。

心靈之舞

静坐，本身就是一种探索。很多的新认知，其实是在静坐的时候，自然而然生发出来的。相信随着不断践行，每个人也会有自己独特的体悟。

古今中外名家谈静坐

静坐之后,我开始更多地关注与之有关的人和事。我发现,真的有很多人把静坐当成自己日常的一个习惯而坚持着,无论古今中外。在历史长河中,能够留存下来文字记载并传播开来的,多为名人大家的记事,或来自名篇名著。在这里,仅摘抄一部分有关静坐和静的文字,希望为你研习静坐之路提供参考和借鉴。如果某些话能让你有深深的触动,给予你一种前行的力量,那更算是你的机缘,就像跨越了时间和空间,和交心的人在侃侃而谈,产生了共鸣和心灵的互动。

以中正也!

《易经·豫卦》

时止则止,时行则行,动静不失其时,其道光明。

《易经·艮卦》

恬淡虚无，真气从之。

精神内守，病安何来！

《黄帝内经》

归根曰静，静曰复命。

专气致柔，能如婴儿乎。

致虚极，守静笃。万物并作，吾以观其复。

谷神不死，是谓玄牝。

玄牝之门，是谓天地根。

绵绵若存，用之不勤。

《道德经》

人乃天下之神物也，神物好安静。

《老子河上公章句》

知止而后有定，定而后能静，静而后能安……

《大学》

喜怒哀乐之未发，谓之中……

致中和，天地位焉，万物育焉。

《中庸》

无视无听，抱神以静，形将自正。

若一志，无听之以耳而听之以心，无听之以心而听之以气。耳止于听，心止于符。气也者，虚而待物者也。唯道集虚。虚者，心斋也。

缘督以为经，可以保身，可以全生，可以养亲，可以尽年。

古之真人，其寝不梦，其觉无忧，其食不甘，其息深深。

真人之息以踵，众人之息以喉。

堕肢体，黜聪明，离形去知，同于大通，此谓坐忘。

《庄子》

圣人爱精神，而贵处静。

《韩非子》

一日清闲一日仙，六神和合自安然。

丹田有宝休寻道，对境无心莫问禅。

《万法归宗》

静坐不虚兰室趣，清游自带竹林风。

清气若兰，虚怀当竹。

东晋·王羲之

修身步骤（儒家）：知止、定、静、安、虑、得

六妙门（佛教）：数、随、止、观、还、净

佛法三学：戒、定、慧

内丹修炼（道家）：炼精化气、炼气化神、炼神还虚

有趣妙词：悬解、见独、龙静、止观功夫、简事、抱一、身中诸神

盘腿竖脊结手印，平胸头正收下颚。

舌抵上腭敛双目，名曰毗卢七支坐。

坐禅姿势"七支坐"要诀

《天隐子》八篇，依次为：神仙、易简、渐门、斋戒、安处、存想、坐忘、神解；修炼五层次：斋戒（信解）、安处（闲解）、存想（慧解）、坐忘（定解）、神解。

《坐忘论》七章，按修习次第分为：信敬、断缘、收心、简事、真观、泰定、得道。

无眼耳鼻舌身意，

无色声香味触法，

无眼界，乃至无意识界。

《心经》

中宵入定跏趺坐，女唤妻呼多不应。

唐·白居易

中岁颇好道，晚家南山陲。

兴来每独往，胜事空自知。

行到水穷处，坐看云起时。

偶然值林叟，谈笑无还期。

唐·王维

其法至简易，惟在常久不废，即有深功。

苏东坡

已迫九龄身愈健，熟观万卷眼犹明。

南宋·陆游

美不尽，对谁言，浑身上下气冲天。

这个消息谁知道，哑子做梦不能言。

张三丰

第七论 打坐

凡打坐者，非言形体端然，瞑目合眼，此是假打坐也。真坐者，须要十二时辰，住行坐卧，一切动静中间，心如泰山，不动不摇，把断四门，眼耳口鼻，不令外景入内，但有丝毫动静思念，即不名静坐。能如此者，虽身处于尘世，名已列于仙位，不须远参他人，便是身内贤圣。百年功满，脱壳登真，一粒丹成，神游八表。

第八论 降心

凡论心之道，若常湛然，其心不动，昏昏默默；不见万物，冥冥杳杳，不内不外。无丝毫念想，此是定心，不可降也。若随境生心，颠颠倒倒，寻头觅尾，此名乱心也。速当剪除，不可纵放，败坏道德，损失性命。住行坐卧常勤降，闻见知觉为病患矣！

金·王重阳

始学工夫，须是静坐。静坐则本原已定。

人若逐日无事，有见成饭吃，用半日静坐，半日读书，如此一二年，何患不进！

读书闲暇且静坐，庶几心平气和，可以思索义理。

南宋·朱熹

静坐之法，唤醒此心，卓然常明，志无所适而已。志无所适，精神自然凝复，不待安排，勿著方所，勿思效验。初入静者，不知摄持之法，惟体贴圣贤切要之语，自有入处，静至三日，必臻妙境。

明·高攀龙

日间工夫，觉纷扰则静坐，觉懒看书则且看书，是亦因病而药。

究极仙经秘旨，静坐为长生久视之道，久能预知。

静坐能顿悟明心见性，得道成真。

初学时心猿意马，拴缚不定，其所思虑多是人欲一边。

教之静坐，一时窥见光景，颇收近效。

明·王阳明

（明代心学集大成者王阳明：少年遇人点拨，31岁时静养静坐，之后最常教人的方法就是静坐澄心。）

借事炼心！随处养心！

凡静坐，不拘全跏半跏，随便而坐，平直其身，纵任其体。

明·袁了凡

南台静坐一炉香，
终日凝然万虑忘。
不是息心除妄想，
只缘无事可思量。

禅诗一首

常默元气不伤，少思慧烛内光。
不怒百神和畅，不恼心地清凉。
不求无谄无媚，不执可圆可方。
不贪便是富贵，不苟何惧君王。
味绝灵泉自降，气定真息日长。
触则形毙神游，想则梦离尸僵。
气漏形归垄上，念漏神趋死乡。

心死方得神活，魄灭然后魂强。
博物难穷妙理，应化不离真常。
至精潜于恍惚，大象混于渺茫。
道化有如物化，鬼神莫测行藏。
不饮不食不寐，是谓真人坐忘。

《坐忘铭》

每日不拘何时，静坐四刻……正位凝命，如鼎之镇。

清·曾国藩

每天早上坐上哪怕15分钟，那就一天精力充沛。
静坐先求静心。
"静"是培养接近于先天智慧的温床。

南怀瑾（1918—2012）

在日本留学时，得了神经衰弱，晚上睡不好，记不住东西。每天早晚各静坐半小时，两个月就恢复健康了。他说："静坐这项工夫在宋、明诸儒是很注重的。""静坐于修养上是真有功效，我很赞成朋友们静坐。我们以静坐为手段，不以静坐为目的，是与进取主义不相违背的。"

郭沫若（1892—1978）

欲求自然生生妙，说来也只三五一。

李少波（1910—2011）

今天的人最大问题是没有自己了，只要安静下来，就很慌，就不知道怎么办了。搞到"能动不能静"的时候，你的身体健康一定是完蛋了。

曾仕强

只要坐下来观察，你就会发现你的心是多么地躁动不安。如果你试图强行让它静止下来，情况只会变得更糟。但随着时间流逝，它自然会平静下来，这个时候，你内心深处那些细微的声音就有了展现空间——你的直觉会开始延伸，你看事情会更加清晰透彻，你对当下的把握更为准确。思想的脚步变慢了，你就能在刹那间看到更广、更远的地方，看到比以前多出许多的东西。这是一种修行。你必须不断练习。

（美国）史蒂夫·乔布斯（苹果公司创始人）

梅琳达和我最近都非常喜欢冥想。
我喜欢10分钟练习的成效！

（美国）比尔·盖茨（微软创始人）

在我的一生中，冥想对我帮助很大，因为冥想让我拥有平静的开放思维，让我可以更清晰、更有创造性地思考。

（美国）瑞·达利欧（美国对冲基金之父、桥水基金创始人）

征服世界的唯一办法：向内求取，提升自己！

（美国）查理·芒格（世界知名投资家）

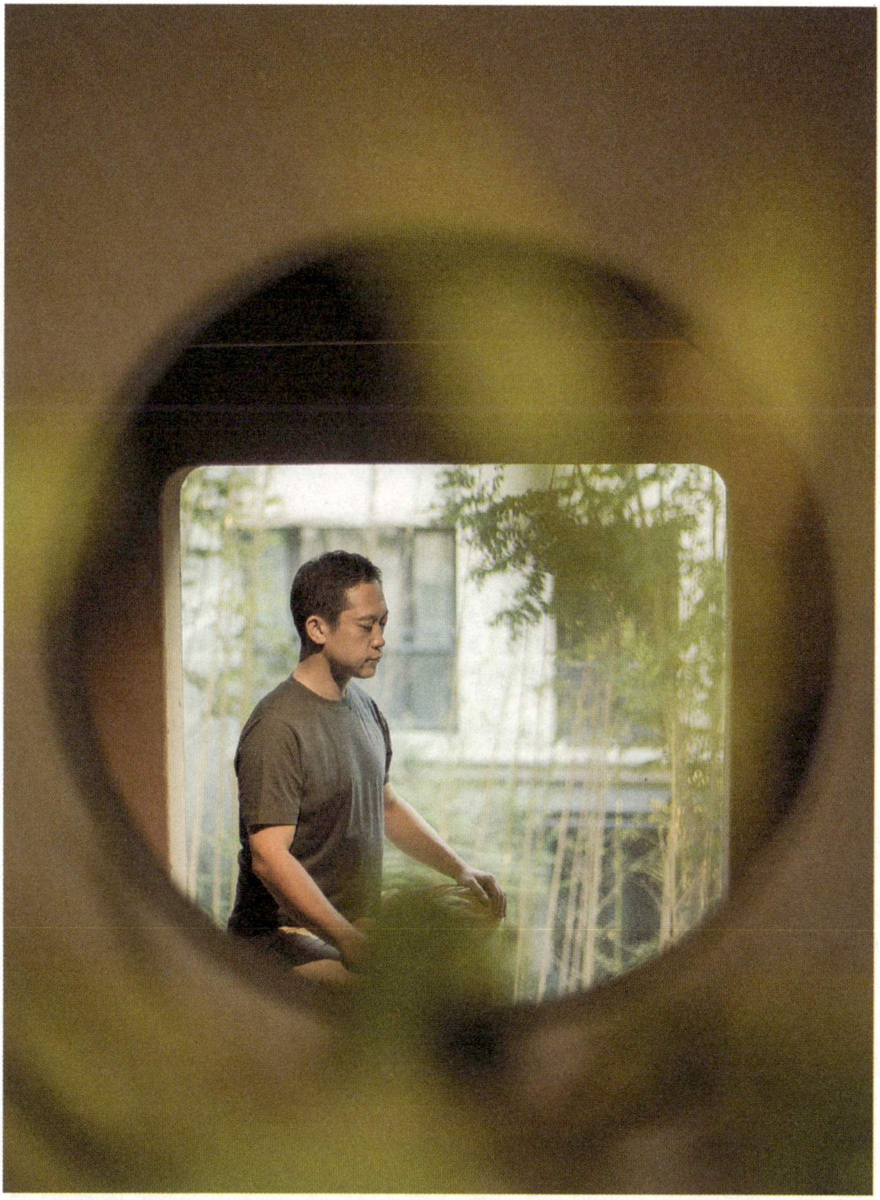

冥想能够培养不为情绪左右判断事物的能力，能够让人同时看清事物的优点和缺点，能够让人客观地看待自己的缺点，并将其转变为前进的力量。

（美国）雷伊·达里奥（布里奇沃特投资公司创始人）

所有成功的男人和女人，都会花许多时间强化自己的专注力。他们能够深入自己的心灵，找到如珍珠般散落各处的答案，从而解决自己面对的问题……冥想可以帮你赚更多的钱，或是在你的领域里拔得头筹……安静，但更有力量！……在宁静的心境面前，整个世界都会俯首称臣！

每个年轻人都需要学着冥想……冥想培养了孩子们放慢脚步、冷静处事的能力……在学校推广冥想能产生惊人效果，特别是在那些有过出格行为以及"非正常"的学生身上。

对于那些期望改变自己生活的人，我真的找不出比修习冥想更有用的建议了。

《商业内幕》杂志发表了一篇题为"十四位信奉冥想之道的商界领军人物"的文章，我注意到，所有信奉冥想之道的商界领袖都在不断提及两个词语——"专注"与"清晰"。绿山咖啡公司创始人罗伯特这样说道："如果进行冥想修习，你将在会谈时更有效率。冥想有助于提升专注力与完成工作任务的能力。"……我们将看到：越来越多的公司将冥想纳入他们"官方"的企业文化中……绝大多数的企业，至少是那些成功的企业，总是在寻找自己的企业竞争力，我们期待有更多的CEO追随这个潮流。

（美国）拉塞尔·西蒙斯，《用安静改变世界》

  坐是一种修炼，也是一种学习，能学会如何排除外界的干扰，从而听到内在的声音。这样一来，你就会步入一个新的世界。在这个世界中也有许多不同的层次：在第一层中，你听到自己的呼吸声、心跳声、肌肉和骨骼的嘎嘎声；如果你能再关掉这一层，就会进入更深的一层……这样深入一层又一层，最后你就会听到分子和原子在不断振动的声音。

（德国）埃克哈特·托利，《当下的力量》

  许多人利用酒精、药物、性爱、食物、工作、电视或购物，作为麻醉剂来消除他们的不安。这些适量使用，可能会使你非常快乐，会让你产生依赖，并带有强迫性，而你通过它们所获得的只是短暂的缓解而已……将你的注意力导向内在，观察你的内心所发生的事情……当你体内的每一个细胞都处于当下并能感受到生命的律动，同时，当你能感觉到生命的每一刻都如此愉悦时，那么可以说你已经从时间中解脱了……当你的注意力转向当下的那一刻时，你会感觉到临在、宁静和平和……你将不执着于结果，失败或成功都不会改变你本体的内在状态。

（德国）约翰·拜伦特，《这个世界就是声音》

  肉体才是人的圣殿！

（日本）村上春树

熄灭心中的快感!

问题不在外面!

要促成内心的革命!

我们一直在肤浅地活着!

要有超越时空的心智!

冥想是生命中最重要的事!

冥想不可思议的美!

（印度）克里希那穆提

有关静坐的名词

有关静坐的词汇很多，因源头、宗教、技巧、目标的不同而不同，但坐姿的基本要求类同。南怀瑾曾讲："凡是摄动归静的姿态和作用，统统叫它为静坐。"

"静坐"只是一种统称，还有以下多种叫法：

打坐：道家、佛家

坐禅：Zazen 或 Sitting Meditation，佛家

正襟危坐、默坐澄心：儒家

冥想：Meditation，和瑜伽关联较大，西方多使用。

安坐、大坐、晏坐、冥坐……

当静坐到了较高的水平和状态，又有不同的名词来表述：

入定：一般是佛家用语

入静、抱一、见独、渊静：道家

心斋、坐忘：道家、儒家

禅定、禅那：deep meditation，佛家，四禅八定

因个人眼界和能力所限，罗列出来的这些名词，有待商榷，只是希望让大家有更多参考，进行评判。

静坐的分类

在当今世界范围内，静坐在区域上又分为这样几种体系：

中国式：有为法、无为法

西方式：正念冥想、专注冥想、意象冥想

印度式：瑜伽冥想

日本式：以生活禅为主

不管你从哪种方法开始学都可以，只要坚持，都会有所收益，你从中获得的愉悦感就会越来越强。到最后，大成者达到的忘我、超脱、大智慧的境界，大体相同。正所谓：入门不同，万法归一！条条道路通罗马！

践行静坐，不要攀比哪种坐姿和方式更高级。说到底，坐姿仅算是静坐的技巧和手段。

最有效的方法是选择一种方法学好，坚持下去，不要总是半途而废，想尝试新的姿势。千万不要今日向东明日寻西，又累自己，又不见得有效。

另外，还要特别提醒一点：要跟实修的、品性良善的前辈学习。西方冥想老师主要以这样的职业称谓出现：冥想老师、心灵导师、疗愈师。

几个问题

在本章接近收尾的时候,有几个观念上的问题需要与大家一起思考和探讨。

静坐与苦修

静坐不是苦修!习练静坐,不需要远离生活。现代静坐理念尤其强调让静坐融入生活,作为日常的一个习惯。不须苦逼自己,把自己变成周边人看不惯的怪人。一般人不须花费太多精力和时间,在初期学习阶段,有一点时间能让自己按要求坐下来,就可以。

静坐与运动

静坐是一种主动锻炼身心的方法,也称为一种静功。中国自古养生就讲究"动静结合",在练静功时,一定要结合动功。比如,"禅宗祖庭"少林寺,历来强调"禅武合一"。僧徒打坐久了,身体会困倦和拘谨，可以起来活动筋骨或习武。印度瑜伽（Yoga）原本的目的是教授你如何控制大脑，学会控制意识的转变，而不仅仅是一项追求柔软的运动。静坐，更强调精神的调理和运动，如果能和当代流行的其他运动相结合，当然很好。只要是锻炼，是运动，就值得鼓励。比如，你是一个爱好健身的人，能既做器械锻炼，又坚持静坐冥想，就会既有完美身形，又有安定内心，内外一同锻炼。如果能把两者结合好，当然是更完美了！

外在世界和内在世界

卓越的人生必须学会和人打交道，同时也要遵从自己的内心。需要懂得如何在这两个世界之间搭建起桥梁，平衡好内外两个世界。生而为人，极端于一头，要么断离而出世，要么完全地入世，都是无益的。

门派与师承

历史传承下来的门派有很多，但法门不同，万法归一。世界上让人安静的极致方法大同小异，找到适合自己并且喜欢的一种，坚持就好。如今的静坐要与时俱进，用更适合现代人生活节奏和表述方式的方法，能比较容易让更多人理解和学习。

静坐与宗教

静坐不是宗教,不属于世界上任何一种文化或宗教。静坐是一种实用、科学、系统化的技能锻炼。静坐来源于生活,本来就简简单单,没有任何宗教和门派的累赘。

静坐与气功

当今中国学术上把气功定义为:调身、调息、调心三调合一的心身锻炼技能。如果按此定义,静坐之法也属于气功范围。静坐、冥想与气功的关联主要是,它们强调的侧重点不同:静坐重在以"坐"达"静";冥想主要用"想"达"冥";气功重在"气",是"锻炼运用意识"的功夫。

静坐问卷

1. 你想学习静坐,是为什么?

   _____

2. 你希望静坐最终能给你带来的最大好处是什么?

   _____

3. 学习了第一章之后,你对"静坐"怎么看?

   _____

4. 你打算为静坐付出多大的精力?

   (一天几次?一次多久?坚持几周?)

   _____

5. 你认为自己从开始学习到体会到真正的益处,需要多久?

   _____

阅读本章，你仅需记住三个词，便能快速掌握静坐精髓。

第二章

学会静坐

三个入门词

我一直在思考一个问题:"怎么给完全不懂的人讲静坐?如何让人更容易入门?"在教授静坐方面,各宗各派各有各路。从大体上说,道家根植传统,在意身体感受,着重以"静"来"养";佛家较成体系,进阶明晰,着重由"静"达"慧";儒家强调正心修身、融通社会,以"静"引"思";西方则较为浅显,更着重的是融入生活,但入门学习的技巧要点也不少。

如果抛开某一体系的局限,在共性共识的基础上,结合中国特色,我们能否找到一种通俗易懂、易于入门的方法和表述,以便让完全不会静坐、对传统和体系知识了解不深的人,也较为容易地学会呢?

最终,有三个词逐渐沉淀下来,跃然眼前:

身坐中正

呼吸均匀

听想小腹

身坐中正
呼吸均匀
听想小腹

身坐中正
呼吸均匀
听想小腹

除了第三个词"听想小腹"稍显奇怪，前两个是不是太简单了？没错，这三个比较好记忆的词，就是我要说的"静坐入门核心三要素"。

　　在经过谨慎的思考，并和多位静坐多年的实修者反复探讨之后，我们最终确定了这三点内容。虽然在各种体系之中，关于静坐要点的描述更多、更周全，但我们认为这三点是现代教授静坐入门的核心点。只有入门之后，才能够循着这条路径，对静坐有更深层的认知。所以在这里，我们先忍痛割爱，抛开其他的观点和理论，以留给有心的学习人自行探寻。这种表述是为了表达更通俗，也有意避开了现代人不熟悉的某些经典名词。

　　仅仅记住这三个词，并了解其中的含义，就可以正式开启你的静坐之旅了。那么，就让我们一起来深入聊聊这三个词吧。

身坐中正

中正的坐姿，你能想到几种？

【想象一下，找到几个答案，继续看后面】

① ② ③
④ ⑤ ⑥

第二章　学会静坐

⑦

⑧

⑨

⑩

⑪

⑫

⑬

⑭

⑮

⑯

看到没有，符合"中正"要求的坐姿有这么多种，但还不是全部。关于静坐的中正坐姿，据说有九十多种。你甚至还可以脑洞大开，找到像C罗在浴室中那样性感的静坐姿态（坐姿如图⑬）。图⑯坐姿，就是所谓的双盘，佛家叫结跏趺坐，又叫金刚坐、禅定坐、如来坐。双盘是静坐中最稳固的坐姿，两膝和臀部三点力度均等着力，被称为"一个漂亮的等腰三角形""人体金字塔"。好吧，请先放下好奇和尝试的欲望，"漂亮"不属于刚刚学习静坐的你，不要强求自己去双盘。

"身坐中正"中的两个字"中"和"正"，我们需要细细揣摩，才能够掌握这个词的要点。

中：重心居中

正：身体端正

身体中中正正，这个意思好理解，也好做到，就是稳稳当当地、身体中线相对垂直地坐着。而"重心居中"，到底指什么呢？

想象一下：平日坐着的时候，你身体的重心在哪里？没错！一般在身体后部，在尾骨。"重心居中"的要求是：不管你怎么坐着，你要有意调整自己身体的重心，让其保持在身体的中间。一般情况下，就是会阴穴的位置。如果坐成"漂亮的等腰三角形"，那么这个重心点就靠近三角形的中心点。大家照着这样的要求来感受一下，不管是在床上，还是在椅子上坐着。如果要想重心居中，你需要调整你的身体，比如后背要挺直、屁股要尽量张开，甚至身体要微微前倾；或者在屁股后部放一

个垫子，最好是那种一头高一头低的小斜垫儿。总之，你要尽量去找那个"重心居中"的感觉，并保持这种体态。

中正真的很重要。只有身体中正了，你才会越来越舒坦，越来越顺畅。

练习静坐初期，仅要求身坐中正，而不强调必须是哪种姿态，也不

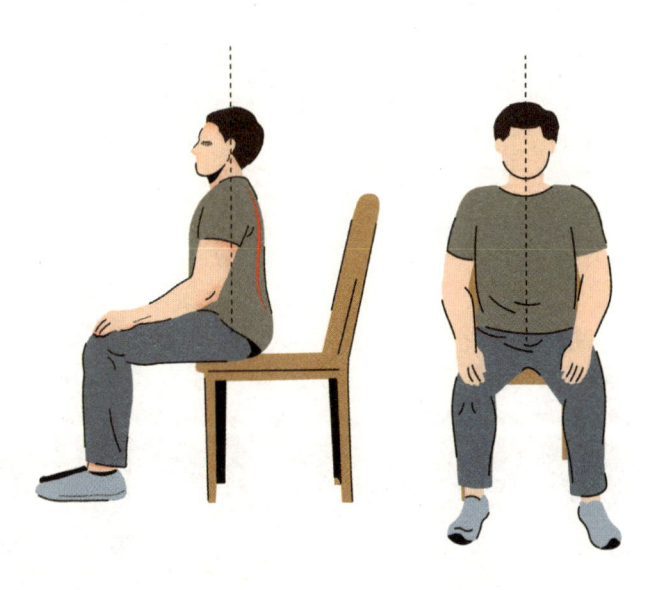

必区分哪种坐姿更好。随着不断地深入，你会不断调整你的姿态。只要"抱神以静"，到时就会"形将自正"。

此刻，找到你感觉最舒服的中正坐姿，静静地坐下，就好！

说完坐姿，我们也简单来说一下手势。

想到静坐的手势，你能想到几种？

对，静坐的手势也有很多种（见下页图）。有些宗教感、仪式感很强，有些就把手自然放在腿上。这里也仅要求：找到你感觉自然舒服的手势就好！不必刻意。

好了，现在我们学会了第一个静坐要点。

请找到让自己感觉舒服的坐姿和手势，准备开始静坐。

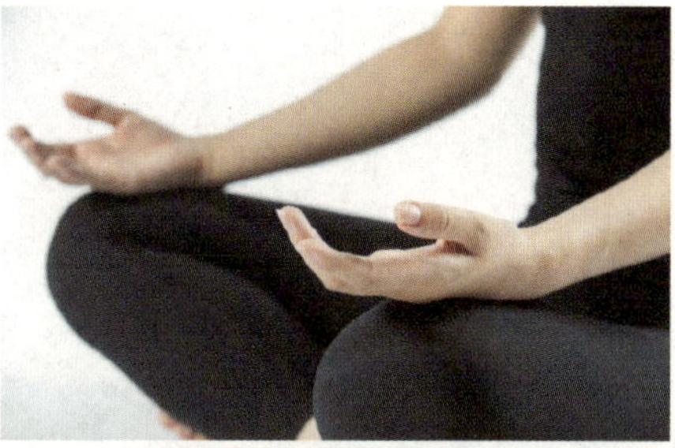
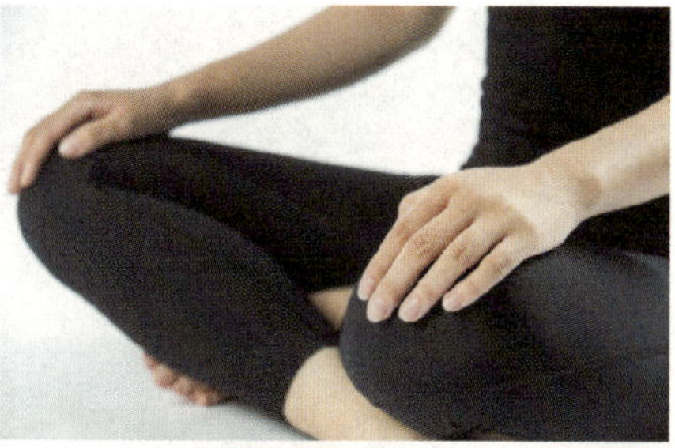
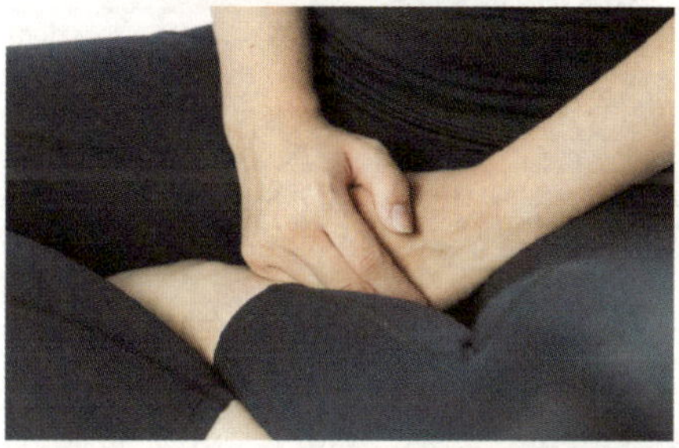
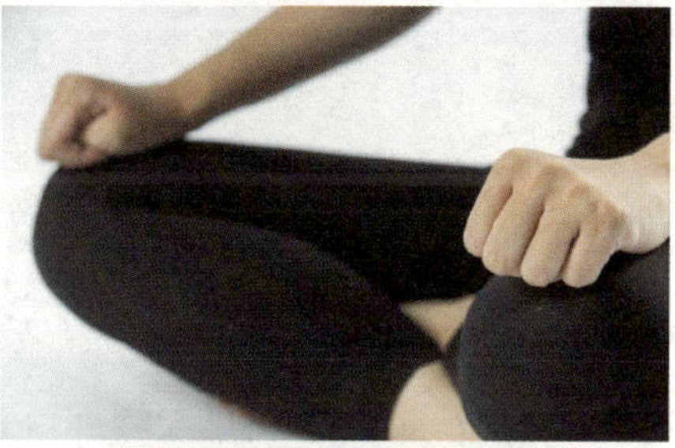
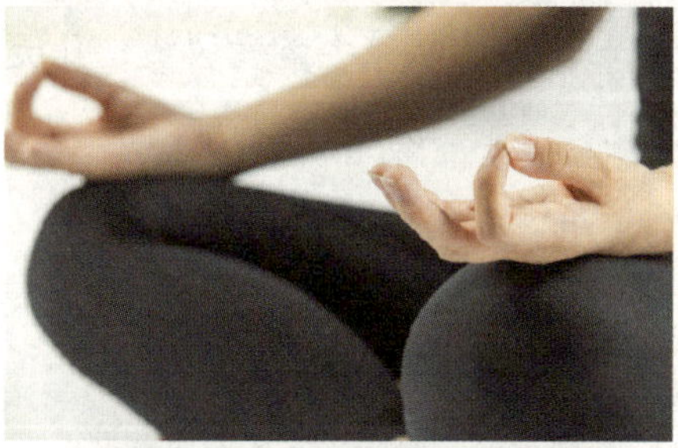
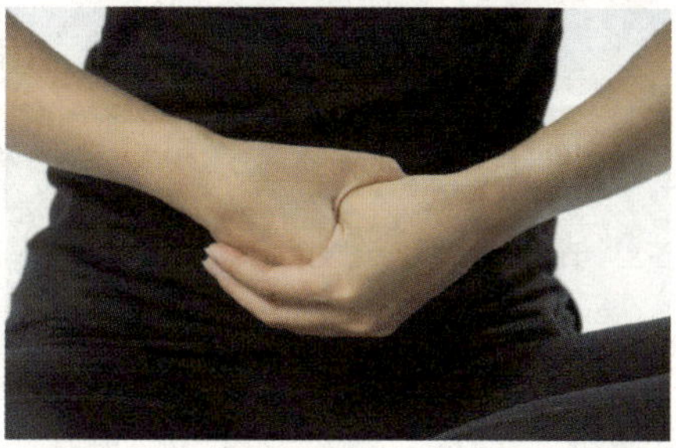
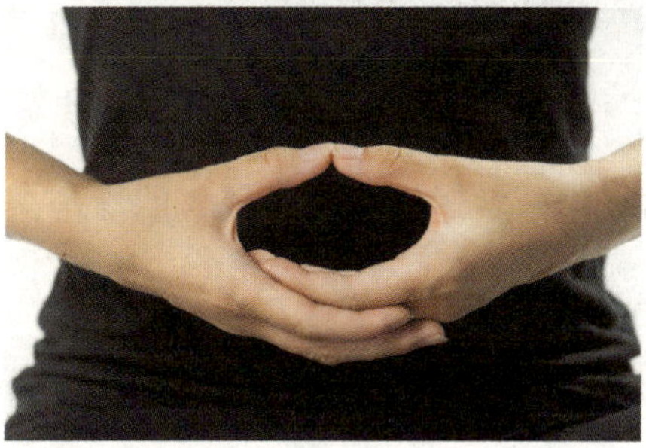
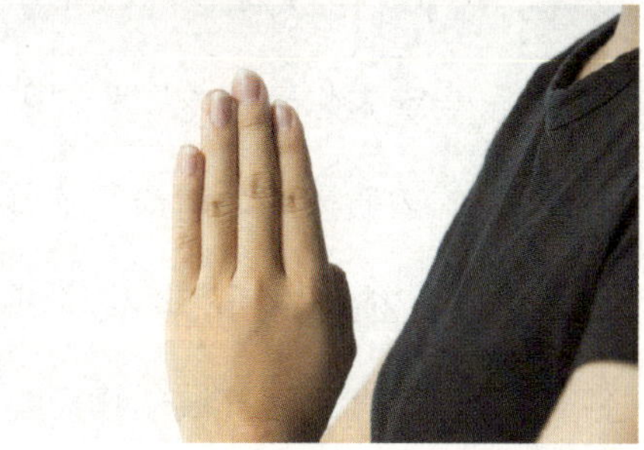

呼吸均匀

人在说到自己的时候，通常会指着自己的鼻子。我们把创始人、最早的祖先称为"鼻祖"。"鼻"字上一个"自"，就是代表自己，有引申为"初始""第一"的意思。

宋代一首有趣的诗，把焦点指向了鼻子："从来姿韵爱风流，几笑时人向外求。万别千差无觅处，得来元在鼻尖头。"

可笑自古爱美的人，总是追求外在的东西。其实，找来找去，真正的答案是自己，是内在。

问一个问题：人体获得有用物质的主要渠道是什么？

大家一定先想到"吃"和"喝"。没错，食物是满足我们机体正常能量需求的物质来源。而最终细胞的氧化分解过程，需要氧气的参与，这样才能生成能源物质三磷酸腺苷（ATP）。维持人体的正常运转，氧气必不可少。那么，氧气属于物质吗？回答是肯定的，氧气是无色无味的气体。通过呼吸，我们获得了有用的氧气。因此，我们人体获得有用物质的渠道包括饮食和呼吸。

呼吸，从某个角度讲，比饮食更重要！据说，现在世界的憋气纪录是 15 分 58 秒，一般人几分钟就不行了。而不吃饭据说最多可以活 20 天，不喝水可以活 7 天。

呼吸，就像人体的晴雨表，记录着精神的状态及外部环境对身体的影响。紧张生气时，呼吸急促；安静愉悦时，呼吸深长。

呼吸，是人体少数既可以有意志控制，又可以不被意志控制的生理功能。

呼吸，是身体和心灵之间的桥梁。

呼吸，是人与自然之间共振的音律。

你注意过婴儿的呼吸吗？刚来到这个世界的新生命，用肚子在呼吸，小肚子一鼓一瘪的，就是腹式呼吸。人慢慢长大，就开始胸式呼吸。

呼吸是很自然的事情，谁在意过自己的呼吸呢？谁有意练习过呼吸呢？

关注呼吸，学会并习惯于腹式呼吸，是学习静坐中很重要的内容。

不要把腹式呼吸想得很神秘，关注两点就可以：

（1）意念（注意力）在下腹部；

（2）肚子凹凸起伏。

腹式呼吸

意守小腹，感受起伏

通俗地讲，就是吸气呼气时，感觉气息往身体下部走得很深，像到了肚脐之下。口鼻和小腹，用进出的气息相连。

你测过你的呼吸频率吗？

一般人正常情况下每分钟 12-20 次，而静坐状态比较好的时候，会变得舒缓，呼吸次数会减少。

什么是好的呼吸？就是那种缓缓的、深深的呼吸。

有意识地关注你的呼吸吧，不管何时何地。练习你的腹式呼吸，你会得到很多意想不到的好处。比如，当你被一个人的恶语激怒、即将要还他一句狠话的时候，你有意识地提醒自己："不和他一般见识，一发火，就变得和他一样可恶啦！深呼吸！深呼吸！"好吧，开个玩笑，但真的管用。

刚开始关注呼吸的时候，你可以先把关注点放在你的鼻下，感受鼻息——每一次的、从你鼻孔中穿梭往来的、那种气的摩擦感，那种细腻的感触。

我们继而要学会：腹式自然深呼吸！

在初始阶段，不必刻意让你的呼吸那么深、那么缓，只要能够感受到小腹的一起一伏就可以。慢慢地，就自然会养成无意识的腹式呼吸习惯。

已经习惯于腹式呼吸的人，能够逐渐感受到深呼吸所带来的美妙。这里也分享几个有关呼吸的小窍门，也就是几种呼吸的意念方法：

（1）线状运行：呼气时，沿着身体前面的中线（也就是中医所说的"任脉"）向下，到小腹，或到脚尖。然后吸气时，沿着身体后面的中线（"督脉"）向上，不用具体想到哪个部位、哪个器官。还有一种直线运行路径：身体中部的那条直线，随着呼吸，如活塞一样上上下下。

（2）点状运行：全身每个细胞，都在呼吸，都在一收一张。

（3）内外运行：全身每个皮肤的毛孔都在呼吸，一进一出。

（4）环境互动：和你周边、和自然环境，一起呼吸。

对于初学者，这些看似有些玄妙，不可想象。所以，这些真的不用也不必刻意去想，只要你坚持习练静坐，时常关注自己的呼吸，便会逐渐形成一些自己习惯和喜欢的意念方法。当然，这一点的前提是很自然、很舒服地发生。在这里讲述这些呼吸技巧，本质是通过关注呼吸，引导你的意念内收，更多地关照你的身体；让你的意念相对集中于某一景象，思绪便自然变得单纯而平和。同时，需要强调一点，这样的意念绝不是刻意地死想，要杜绝那种所谓很坚定、很执着、很清晰地去想。即便自然有了某种意念的想象，也是若有若无、轻轻拂过。中国道家修炼身心的方法把意念形容为"火候"，火不能太旺，意思是讲心神意念不要用意太重。要放松你的心念，似守非守，温养你的身体。

建议初学者先只培养对三个位置的敏感：

鼻下

小腹

十指尖和十脚尖

为什么要关注指尖和脚尖呢？打个比方，若把身体形容为一个国家，那么小腹就是首都，是中心；而指尖、脚尖就是边疆，是最外延。国家作为一个整体，需要兼顾通畅。身体同理。关注小腹、指尖、脚尖，就更容易关照好整个的身体了。

有一幅世界名画，可以从另一个视角让我们再认识这样的关系。手和脚在圆的边缘，而肚脐、小腹在圆心。这张图叫《维特鲁威人》，出自意大利伟大的画家达·芬奇之手。

随着你更多地关照了内在，逐渐对自己的身体更加敏感之后，你会自然而然地对躯体的某个部位或者某个路径有更多的留意，会体察到自

己身体内更多细微的动感和声响。到了那个时候，你将会很自然、很舒服地观想着自己，和自己的小宇宙进行有趣的互动。

如果伴随着舒缓而平和的呼吸，你会进入这种神志清醒又如沐春风的温润舒服的状态，那就真的是：

一呼一吸一世界。

经过一段时间的静坐练习，相信你会感受到呼吸的神奇！

到这里，我们已经知道了学习静坐要有中正的坐姿和均匀的呼吸。不难吧？当然，要想完全掌握静坐，还有更为重要的一步。

听想小腹

初次听到这个名词,你一定会觉得怪怪的,它其实是一个新的文字组合。那么,给自己一点时间,容我们一起慢慢来了解,也许你会很快喜欢上这个词。

静坐的首要目的是静心、练心。身与心的关系,历来为人探讨。有谁能够回答周全下面的问题:作为人,我们靠身体的哪些机能来感知外部世界?或者说,我们的一切认知靠什么而形成?

"六根清净!"

你一定知道这个词,它本是佛家用语,现已成为汉语成语,融入我们的大众文化。它的大意是:远离烦恼、没有欲念。

你知道"六根"具体指什么吗?

眼、耳、鼻、舌、身、意。

六根其实就是指人的六种感觉器官。作为个体的人,一切的认知都来自这六种能力,它们是我们有思想、有意念的基础。

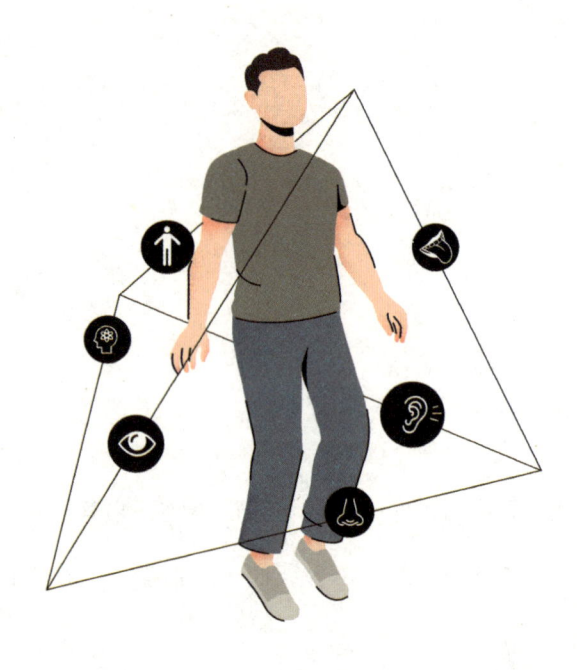

六根相对应的还有"六尘"：色、声、香、味、触、法。

色，指眼睛所能看见的一切；声，指耳朵可以听到的声音；香，指鼻子嗅到的气味；味，指舌头尝到的味道；触，指身体接触所产生的感觉；法，指头脑中产生的感知、判断的意识。尘即染污之义，这种说法稍显消极，把它们说成是在污染我们的情识。

静坐，就是要把这六根"收回来"，首先关注自我，让我们的感知"安静"下来。

在这六根之中，哪些好收，哪些不容易收呢？

闭上眼睛，就看不到了，"色"就收回来了，"眼色"容易收些；嗅觉、味觉、触觉，也好收。最难收的是"耳声"和"意法"！

你安静地坐在那儿，周边有任何声响，你还是会轻易听到。闭上眼睛，脑子中的意想不是立马减少了，反而像过电影一样停不下来。正因为其他的感触都相对收敛了，此时更突显出"脑子太乱，想法很多！"。

意念真的是最难收！刚开始静坐时，往往觉得心绪更加烦躁。其实，这是好事，说明你在用一个新视角来感知它了。

讲到这里我们再来看"听想小腹"这个词。说"听"和"想"，就是让我们先关照最难收的"耳"和"意"，去多"听"、多"想"你的小肚子，继而更容易将所有感知内收，这样就会精神内守，让你整个人静下来。

先说说"听"。

有人讲，声音是静坐最有力量的媒介。

视觉的刺激更直接，让人记忆更久，所以我们的习惯是眼光聚焦，"瞪着眼睛看一点"；而听觉习惯于关注远方的信息，"竖起耳朵静静听"。听觉提供给人的信息是综合的，要靠直觉来判断。远古时代的人类，除非登高望远，耳朵听到的相对更多。

英国的一位心理学传播教授曾经做过一个有趣的"测谎试验"：让观众分组，一组看电视，一组读报纸，一组听电台，让他们来判断一位名人是在说谎，还是在讲真话。测试的结果是：电视观众觉察谎言的能力就如同瞎猜摇骰子的点数一样蒙圈，报纸读者猜对概率达到64%，而

73%的电台听众则判断正确。由此这位研究者得出结论：在监测谎言时，聆听是一种比观看更有效的方式。（《怪诞心理学》理查德·怀斯曼）

原来，"眼睛，更容易上当受骗！"

听，与自然、直觉和真实更近！

"肾主藏精，开窍于耳"。中医认为，肾主先天生长发育，耳和肾的关系密切。

"所有古老文化，都以与大地相近的、低频的鼓声来影响心灵，影响身体的每个细胞。梵音'嗡'，是真正原初的振动，据传是大地发出的共振之声，一切万物都由这一简单却有力的振动化现而生。"喜欢静坐，并用科学的方法研究静坐的台湾医学博士杨定一这样说。

"若一志，无听之以耳而听之以心，无听之以心而听之以气。耳止于听，心止于符。气也者，虚而待物者也。唯道集虚。虚者，心斋也。"古代的智者庄子也讲到"听"和静坐的关系。

在《庄子·人间世》一篇中，庄子借孔子之口，说出了"心斋"这样一个现代人也喜欢的词。他这样讲：如果意念专注而让心静下来，不用耳去听而用心来体会，继而什么也不想了，只感受到气息。耳朵，只能听到有声之音；心，只能感受到有形之物。而气，是虚无的，但又无所不在，容纳一切。若悟得大道，则安寂虚空，混沌空明，人与天合，这就是虚，就是心斋。

看似简单的道理，却往往难以做到。即便我们常常也会标榜，不在意别人的眼光和谈论，但刻意地规避或者选择性地倾听，不也是一种偏颇吗？有偏执便会有背离真相的可能性存在，从而又生出种种爱恨情仇来。而我们常人所谓用心去听的，又是否带着一种预设答案的目的性呢？如果用心感受到的不是我们设想的结果，会不会因而又心绪难宁呢？诸如此类的干扰，是造成我们内在纠结与矛盾的根由所在。因此，只有你真正关掉内心的主观倾向，摒弃掉耳边的噪音，才会有可能感悟到这个世界本来的真相，才会发现心静一处的天地辽阔。

静读《庄子》文章，我们可以揣度庄子应该很喜欢"听"这个字。

心斋

他讲到了听与耳、听与心、听与气，而我们也要学会静静地去"听"！

再来说说"想"。

静坐时，是想还是不想呢？是用意念还是不用呢？

有个成语叫"心猿意马"，比喻人的心思不定，好像猴子乱窜乱跳、烈马狂奔一样难以控制。小说《西游记》是大众所熟知的四大名著，里面暗藏很多大众不甚清楚的玄机。大圣孙悟空也叫"心猿"，白龙马本是龙王的儿子，叫"敖烈"，也叫"意马"。两位本来都是刚烈脾性，经过磨炼最终修来圆满，孙悟空成为安静的"斗战胜佛"，白龙马被封为广力菩萨。

心绪散乱，左思右想，是很正常的思维状态。之前说过，静坐之初，杂念多其实是好事，正说明你开始觉察你的意念了，而不是平日里被意念左右而不知。可以说，心思烦乱是静坐的第一步功效。

有什么办法能让心思不乱呢？下面说几种方法，和大家一起探讨。

数息：专注于你的呼吸，一呼一吸一停息，心中默默数数。

旁观：像一位观察者，从另一个角度观察你的思维和情绪。要正视你的思维流动，不评判，不要试图去改变和消除。在中国文化中，"观"很重要。

专注：让你的意念停留在某个地方，聚焦一个目标，意守或者默念，如你身体的小腹，或者手中拿着的一块美玉，或者心中念着一语。心归一处，也就是"止"。

想象：想一些让你放松、温暖、具有力量的东西，比如阳光，带给你爱的充盈；或者一张照片，自己的少年照或可爱的婴儿照。这些和你在栩栩如生地互动、交融。

无心：真的什么都不想了，脑袋空空，意识空白，那是种空灵的、整体的状态。

我在静坐初期的心理活动也给大家分享一下。

其一，"思维孩子"。把思维当成你的一个淘气的小孩子，而你是

家长。他爱玩，常跑出去。被你发现了，要么和颜悦色地叫他回来就是，只要不急；要么就在旁边看着他，让他再玩一会儿。总之，你的脾气很好，你是一位通情达理的家长。

其二，"六字诀"。口呼鼻吸，呼气时读字，但不发出声。呼气稳而长，默读六个字，观想相应部位。这六个字是"嘘xu""呵he""呼hu""呬si""吹chui""嘻xi"，分别对应"肝""心""脾""肺""肾""三焦"六个脏腑经络。这是沿用了传统的"六字诀养生法"。它是我国古代流传下来的一种养生方法。这个方法很有趣，创始人一定是一位对语言很敏感的人。他研究说话发声时口鼻的气息流动，找出几个特别的字，

把它们当成一种调节呼吸、吐纳的手段。气息发声与情绪有微妙联系，比如生气了心里憋屈，会唉声叹气，这本身就是身体的自我调节。你回头试试，和"心"对应的那个字是"呵"，心烦心累的时候，多发发这个音，会舒服点儿。

我个人爱用这两种方法作为静坐前期的意念引导，这里仅供参考，你要在练习中找到适合自己的方式。

"安神定息，任其自如。"宋代王重阳讲的这句话，很重要。不管你意念想与不想，什么都不要刻意，不要用意太实、太重。自然、舒服就好，该来的就会来。

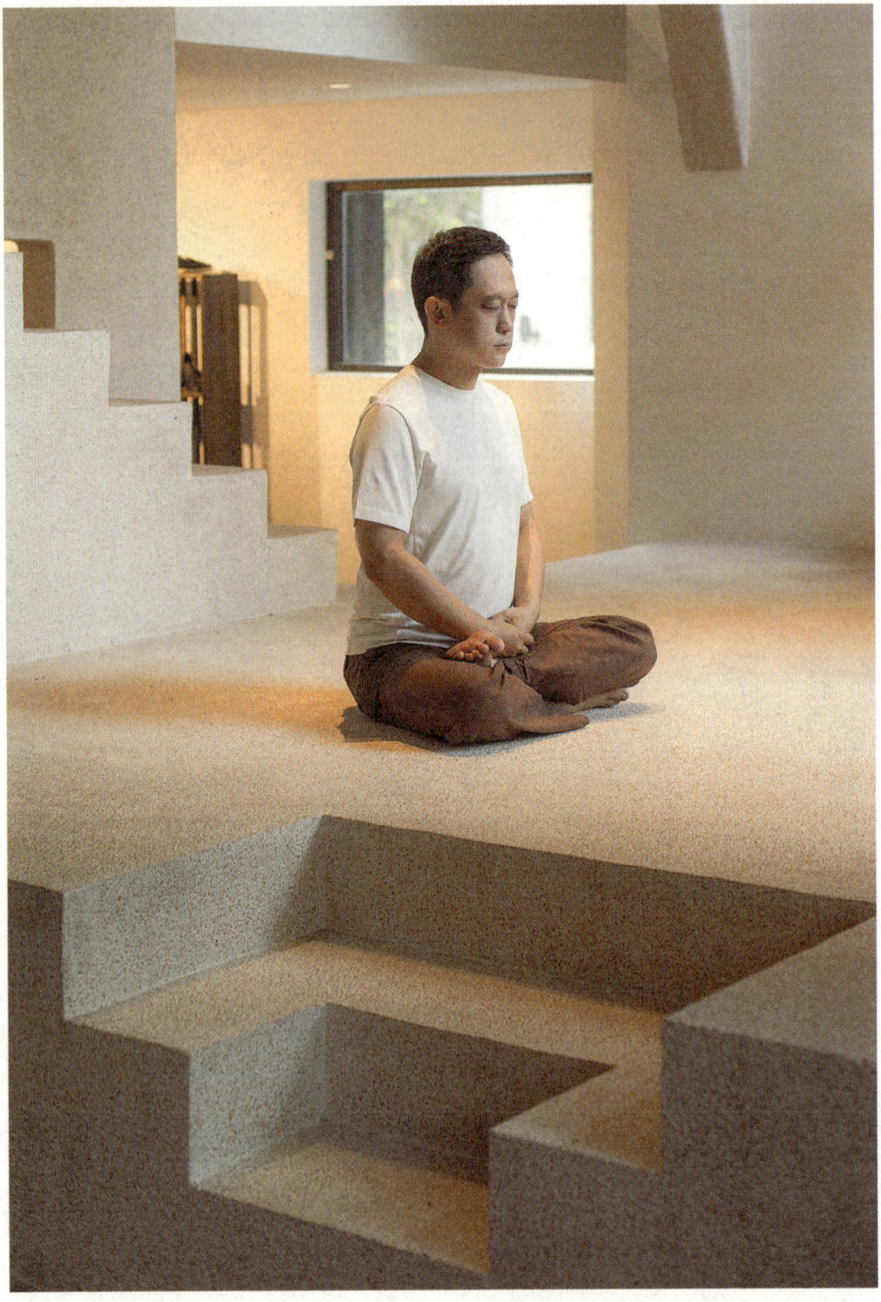

在中国的文化中，有为法和无为法是两个很重要的概念。

在习练静坐时，什么是"有为"？简单地说，就是有动作约定，有意念要求，须按要求去做、去想。什么是"无为"？就是不拘束于任何形式和方法，不去想任何事物。

有为法、无为法，到底哪个更高级，或仅是两种并列的方法呢？

近来流行一句话"一切都是浮云！"，而古人也有类似说法。

"一切有为法，如梦幻泡影，如露亦如电，应作如是观。"《金刚经》中这个点题的关键句，把一切有为、一切看得见、摸得着的东西，都当作浮云，不能永相守，不值得苦苦追求。

那些看不见、摸不着的东西，反倒成为一些人追索的目标。在我们的语言文化中，像"精气神""气韵生动"等这样空幻的词，也往往是描述更高境界的用语。

"一切圣贤，皆以无为法而有差别！"

无为之法，被儒、释、道三家称之为最高之道。

中国古代的智者在思考"虚与实""无与有""阴与阳"的关系中，逐渐形成我们独有的宇宙观和价值判断。中国的传统文化是多维的，一方面更倾向于现实、实用，很接地气，另一方面也尊崇精神和虚无。在有为和无为方面，一种主流观点认为：有为法是入门级，是进阶过程，而无为法才是高级的，是可以得道的大法。它们的关系是递进的，而非平行。

但是，对于我们一般人而言，哪能那么轻易掌握虚无的高深境界，达到"无为之治"呢？比如登山，只有一步一个脚印地攀行，才可能最终登上山顶，看到那最美的风景。如果把心真正静下来并得大智慧，当成最美的景色，当成目的地，我们怎么能不好好习练、不好好静坐呢？

其实，这个疑惑，中国人很久就开始争论了。

大家都知道一个公案：惠能和神秀的故事。他俩都在寻求静心得道之法，都想如何才能真正"降伏其心"。

神秀把自己习练功法的经验总结为：

身是菩提树，心如明镜台。

时时勤拂拭，莫使惹尘埃。

惠能看过之后，却改了一下：

菩提本无树，明镜亦非台。

本来无一物，何处惹尘埃。

他们的目标和方向一致，争论的其实是习练的方法。神秀老实，首先承认肉身存在，生活很自律。他认为，要好好静坐，勤奋练功，日日进步，才能有质变。神秀讲究渐修，做有为之法，他说天天什么也不干，长久地盘腿静坐是毛病。慧能聪慧，直指问题本质，重视顿悟，是无为之法。

"心念不起，名为坐"，惠能把静坐看成是"心的静坐"，强调可以在生活中时时刻刻静心修行。"住心观净，是病非禅。长坐拘身，于理何益。"惠能说。他反对单纯、执迷地打坐。"又有迷人，空心静坐，百无所思，自称为大"，他认为这是邪念。

最终，他们的老师五祖弘忍还是选择了惠能，将衣钵传给了他。惠能成为六祖，弘扬禅宗之法，为世人传颂。

历史的选择无法改变，成王败寇，后人也大多褒奖慧能，贬低神秀，把后者看成是可笑的失败者。难道神秀坚持的渐进学习之法，真的是大错特错了吗？难道不用吃苦，仅靠天资聪慧领悟到真理，就可以高枕无忧了吗？

单讲境界，慧能的认知当然是更高一些，但神秀的道理也没错。对于一般的习练之人，对于我们普通人，修行就需要勤学苦练，只有采用有为之法，采用这种"以妄制妄"的"笨办法"，循序渐进去练习。大多数人世俗的事务太多，不能决绝放下，不可能直指人心，更何谈无为之下顿悟而得道。而顿悟之法，适合于少有的天资聪慧、有超常领悟力的人。应该讲，"法无顿渐，人有利钝"，起点不同，殊途同归。

如果你阅读过记录慧能故事的《六祖坛经》，便知道他其实并不反对按规矩的坐禅，但是他并不认为这是唯一的修行方式。他说："佛法在世间，不离世间觉。离世觅菩提，恰如求兔角。"

这首偈语的意思就是，智慧之法就在人世间一切事物之中，离开世间而去寻找，无异于想在兔子头上找犄角，纯粹是在白费工夫啊。

因此，慧能认为应该在日常生活、衣食住行中修炼大智慧。"一行三昧者，于一切处，行住坐卧，常行一直心。"

慧能早早看透一切修炼的本质是心！"见诸境，心不乱者，是真定。"一切沉迷于外在技巧的行为和想法，都是舍本求末。"心平何劳持戒！行直何用修禅！"

如果我们能更辩证地看待这个困惑，就会发现其实有为和无为是相互依存的一体，不能绝对对立。《道德经》开篇第一章就说道："常无欲以观其妙；常有欲以观其徼。此两者同出而异名，同谓之玄。"以无的状态才能觉察道的绝妙，以有的状态才能觉察它的端倪，有和无本质是一样的，都玄妙无比，因而无欲和有欲，相辅相成，同样需要。

在静坐练习方面，要根据自己的实际情况，自然而不刻意，练就好，坐就好。我们要兼顾渐进和顿悟，自然发展，自我完善，必自有回报。《中医气功学》中说：深层次境界只能自然到达，不是主动操作的结果。

初学静坐，能有轻安之感，已算不错。没有亲历，真的很难感悟到入静之妙。

我们还是回到"想"的讨论。

现代人真的想得太多了，脑子太累了。

大脑是人的思考器官，是人体消耗能量最大的一个器官。成人大脑的重量约 1 500 克，3 斤左右，占全身体重的约 2%，但耗氧量与耗能量却占全身的约 20%。

如何让飞转的大脑神经至少暂时休息一下？有人说，答案明摆着：睡觉呗！如果对比静坐和睡眠，那么静坐是更主动地、有意识地调整，效果反而更直接、更有效。

"睡眠是无意识的静坐，静坐是有意识的睡眠。"

调控意识是一种能力！如果你能自如地生起和停止思考，你就开始拥有真正属于自己的自由世界了。

让我们现在开始学习，练心增智，学会真正的放空吧。

在清醒时，若想主动放松和滋养你的大脑，应该怎么做？把关注点和注意力放在哪里呢？

说说"小腹"。

静坐是练心，为什么会说肚子？我们夸人有时会说"你真是热心肠！"心和肠子怎么连在一起说呢？中医认为，心脏和小肠互为表里关系，它俩经脉相连，气血相通，协调密切。如果有疾病，它们会互相影响。

在静坐调整心身时，小腹、小肠真的很重要吗？

可能很多人还不知道：肠道内的神经系统被称为人的"第二大脑"。美国生物学家认为，我们体内有两个大脑系统存在。一个是众所周知的长在头颅中的那个大脑，而另一个则是鲜为人知的腹腔内的"第二大脑"。它们两个互相对应，就好像一对双胞胎，只要其中一个感到不适，另一个也会产生类似的感觉。科学家呼吁："爱护肠胃！爱护自己的第二大脑！"

大脑不是人唯一一个思考的地方，小肠中的神经系统，这个"肠中大脑"也在"思考"。"满腹经纶""打腹稿""肝肠寸断"等语言文字，我们早就用了，看来古人早就有所觉察。而西方心理学家也说：腹部是贮藏情感的地方。

"用肚子思考！"中国的学者林语堂和日本的思想家铃木大拙，都曾说过类似的话。

用肚子思考，就是无意识思维，而不是脑子思维。

"你必须不再用头思想，而用肚子……肚腹部分是更为接近自然的，而自然是我们每个人所来之处，将来所至之处……'肚子'表示我们生

命的整体，而头部——这是身体最迟发展的部分——却代表着智力。头是意识，而肚子是无意识。"（《禅与心理分析》，铃木大拙）

用肚子来感知、思考和判断，这可能吗？

肚子，或大腹便便，或平滑有力。现代的健身男女，都想用苦练、自律甚至手术，换得令人炫目的腹肌线条，那是梦寐以求、可以炫耀的性感。而"大肚腩"的人，也会宽慰自己：善待自己，吃好是福。

在古老的东方，一个大肚腩男人的形象很招人喜欢：弥勒佛。"大肚能容，容天下难容之事。"他总是把滚瓜溜圆的肚子露在衣服外面，永远憨笑着。据说摸了他的肚子，会给人带来好运。而在西方，哲学家尼采认为："就因为长了肚子，人才没有把自己错当成神。"肚子是一个粗俗多欲的饭袋，人离不开。

情感和肚子、头脑和小肠大有关系，静坐和小腹也关系密切。

小腹是肚脐以下的部位。在中国古老的养生理念中，人们就特别在意这个地方——就是所谓的"丹田"。

丹田，顾名思义，就是能够种出好药的田地。古代人认为丹田是人体上很重要、很神奇的地方。人体有三个丹田：上丹田，在两眉间；中丹田，在两乳间；下丹田，在脐下三寸，三寸就是你除了大拇指之外的四个手指并拢的宽度。其中，下丹田最常被提及，"气沉丹田""意守丹田"，多指脐下三寸之地。下丹田就在小腹，而小肠是下丹田的核心器官。

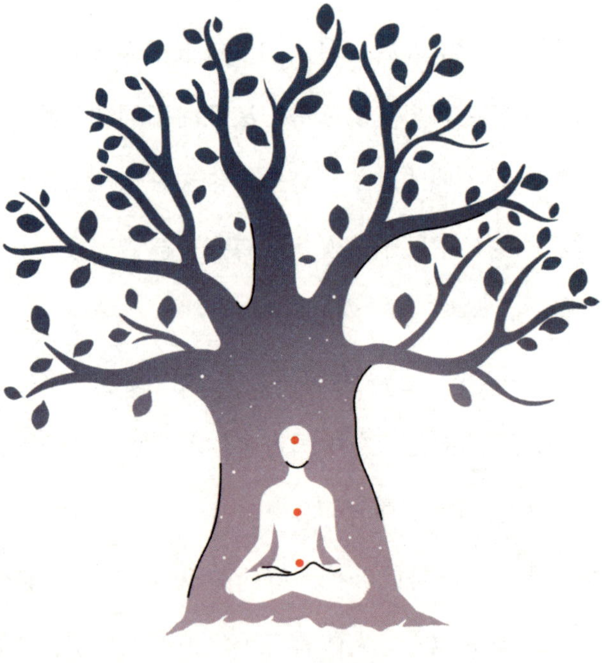

想到下丹田，你会想到肚皮表面，还是小腹内部中心点呢？

随你，只要你想着舒服就行。静坐的时候，经常会意想这里。意念所想的不是一点，而是一片的区域。

我们要培养对小腹、对下丹田的敏感。"虚心实腹"，老子在《道德经》中用的这个词，让我们暂且用在静坐习练上。让我们一起把注意力放在小腹上，而上面的心和脑则少用些、少动些。

当代研究生命科学的学者中，有人用物理学和解剖学的方法来这样看丹田：人体的颅腔、胸腔和骨盆腔是很好的聚焦曲面。它就像凹镜，可能让波聚在它们的焦点上，是三个电磁波密集区，也就是上、中、下丹田的位置。

印度人重视"脉轮"概念，即人体有七个主要脉轮，也是七个能量中心，有七种色彩的光。

人类对人体自身的探索从未停止，由古至今。不管用什么方式来解释，都是在追求心身的发展、自由与和谐。生命需要体验，健康需要实证。

讲到这里，大家已经对"静坐入门核心三要素"有了比较深入的了解。现在，我们再一起回顾一下。

静坐入门核心三要素包括：

身坐中正（调身：端正、重心居中）

呼吸均匀（调息：腹式自然深呼吸）

听想小腹（调心：意念弱想下丹田）

掌握了这三点，你就可以开始认真地静坐了。

从现在开始，安静地坐下来，在任何你觉得舒服的地方！

呼吸均匀（调息：腹式自然深呼吸）

身坐中正（调身：端正、重心居中）

听想小腹（调心：意念弱想下丹田）

方寸自有樂地

本章将和你一起探讨如何让静坐成为你日常生活中的习惯。同时，也会涉及更深层次的内容，关于静坐和智慧。

第三章 坚持静坐

简单的开始

学会静坐，易！

每天静坐，成为习惯，难！

通过前两章的交流，想必大家已经对静坐有所认识。但懂和做、知和行是两回事。静坐真正的好，是需要你去践行的，是需要时间积累的。所以，如何坚持静坐，让静坐成为你生活中一个必不可少的习惯，如按时吃饭一样，就变得比仅仅掌握那些知识和技能更为重要。

时间，对于每个人都是宝贵的，我们总觉得时间不够用。对于刚刚接触静坐的人，要规定自己每天坚持长时间的静坐几乎不可能。在没有养成习惯之前，有什么好办法呢？

有一个概念我们首先要了解。

迷你静坐

"迷你静坐"，也称为简易静坐，适合于静坐初学者，也可作为一

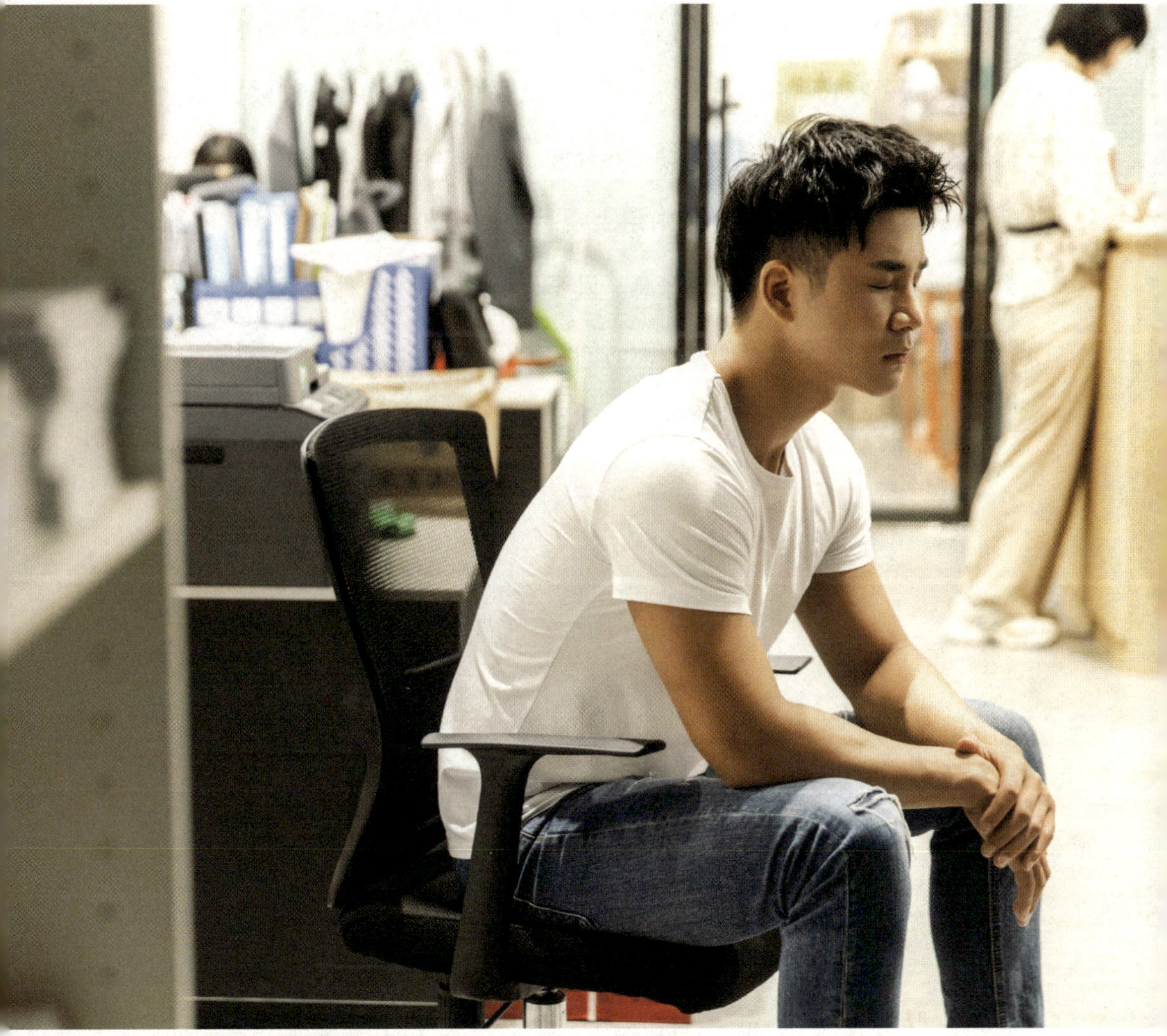

种理念，让静坐成为你的习惯，真正融入日常生活。

迷你静坐，就是利用碎片化时间，短暂静坐，快速及时地调整自我。在一般情况下，每次给自己留个 5~10 分钟的时间就可以。

为了养成习惯，建议初学者给自己定下第一个静坐小目标：

每天两次迷你静坐，每次 5 分钟。

有些严谨者，开始之前用表定时，设好响铃，其实这大可不必，这样做倒给了自己无形的紧张感。只要心里大概估算个时间就好，想坐了，就坐，哪怕几分钟；如果有点时间，坐着也舒服，就多坐一会儿。

鼓励一下自己，现在就开始你的迷你静坐吧！

静坐前后小锻炼

静坐是一项锻炼,如同游泳前后要进行热身和整理运动一样,静坐也要注意前后的调整。

静坐前,让自己暂时放下手头的事情,稍微准备一下,放松身心,集中思想;能够热热身更好,舒展一下筋骨,主要是活动一下腿,比如弹弹腿、压压腿等。

静坐后，也要做个收尾，给自己一个暗示："先结束啦！"同时，可以做一些整理动作，像搓热双手，洗洗面，搓搓耳，或者拍打一下身体不舒服的部位。

静坐中，如果坐的时间较长，身子有些僵硬，腿脚有麻木感，就舒展一下，做些运动。要么起身，走动一下，做些踢腿、耸肩、摆头的动作；要么就坐在原处，做些简易的健身动作，如举腿卷腹、抬腿开合、青蛙趴等。我个人在静坐间隙，特别喜欢用健身中练腹肌的几个动作，来调整肢体的不适。其中，青蛙趴对拉开大腿内侧肌肉效果很好，与盘坐正好互补。在传统的功法中，有一个动作常作为静坐中的调整，叫"晃海"。就是以坐的支撑点为轴，缓缓地旋转上身。俯身、画圈、后仰，可左右分别转动。晃海也是一种很好的自我保健运动，可作为静坐的主要辅助运动。总之，静坐不用强行呆坐，"坐久了，不舒服，就动动！"

静坐入门三难关

初学静坐者,最常遇到这三件麻烦事:

(1) 心绪更乱;

(2) 腿麻、身体难受;

(3) 昏沉、倦怠、无趣。

我们在前面的内容中，已经讲到过这些问题和对应方法。初学静坐，挺过三难关，首先要有两个重要的心理准备。

一、不强求

在还没有体味到静坐好处和美感的初期，一般人没有动力去坚守。这时，一定不要妄想，不要刻意和强求。一切顺其自然，随你所感。否则，越急躁，就越不容易进步。很多不适，是在每天看似没有进步的静坐中，自然调适化解的。

二、有点耐心

习练静坐，需要过程。要想真正感受到静坐的魔力，让你欲罢不能，大多是长期坚持的结果。也有一些人很快会入静，那是个人机缘。对于忙碌的人，静坐初期尤其需要耐心。给自己一些时间，一步步地推进。可以先给自己一周的计划，用七天的迷你静坐初步感受一下。之后可以延长时间，比如，三周二十一天一个周期。有个说法是"21天就能养成一个好习惯"，在三周的时间里，静坐的体感习惯便逐渐养成。持之以恒和信心，静坐同样需要！

下面的文章将给出更具体的时间规划和成效考评方法，以便你能更好地坚持学习。

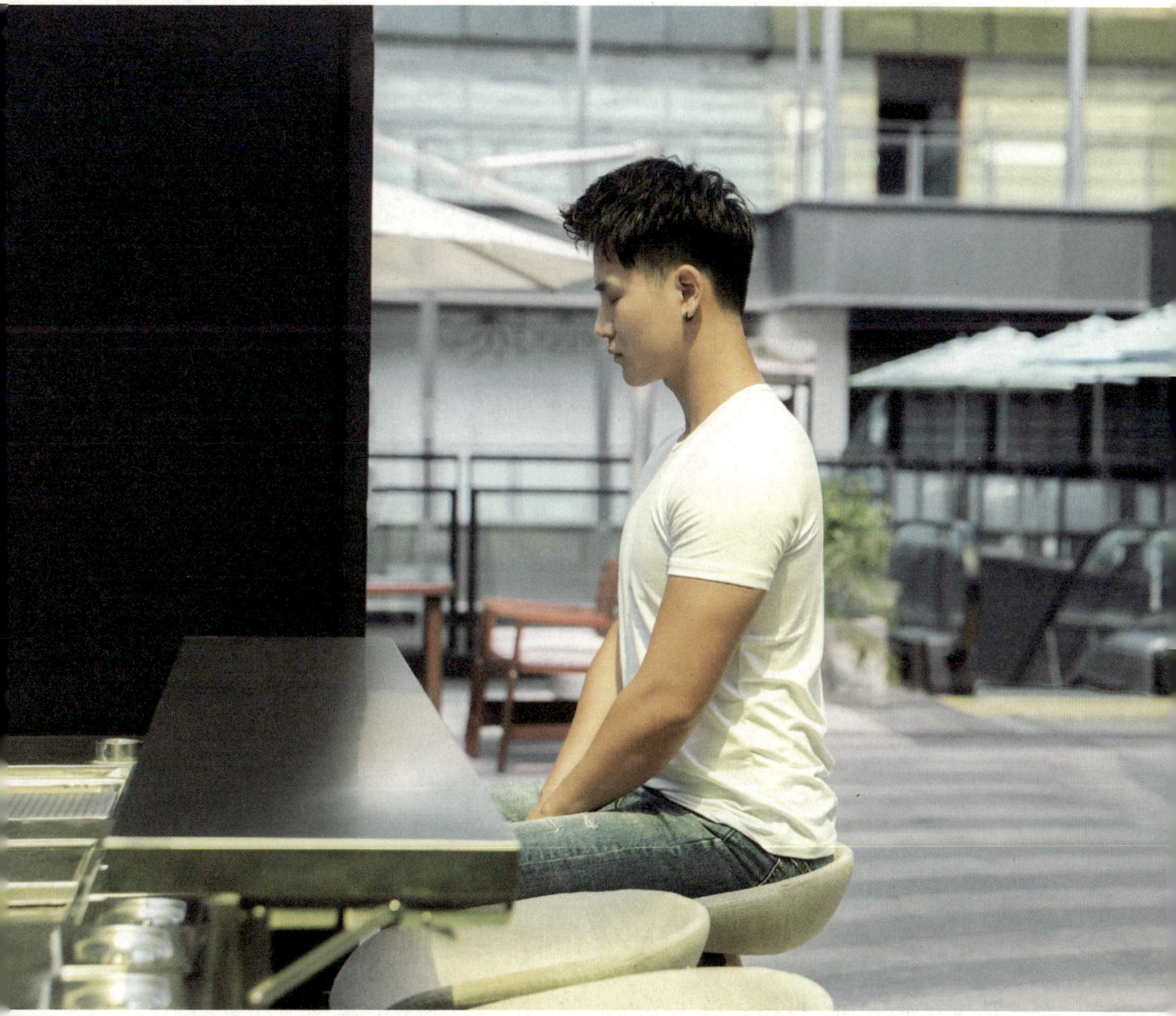

静坐入门三好感

坚持着,坚持着,也许一周,也许稍久些,你会觉得身体没那么难受了,心没那么烦乱了,一些让你舒服的体感也会悄然而至。

(1)肠鸣排气:肚子咕咕叫,打嗝放屁;

(2)津液增多:口中分泌的唾液开始多起来;

(3)身体敏感:整体感觉清爽不沉了,更多感触产生。

关于"肠鸣排气"

肚子咕噜咕噜地叫,是胃肠蠕动的体征。在正常情况下,肠鸣声低弱而和缓,一般难以闻及。静坐时,如果听到你的肠鸣,还伴随打嗝、放屁等排气增多现象,是正常的,是好的身体反应。这说明你的机体内部更加活跃,开始进入一种更为放松的状态。在这种情况下,副交感神经兴奋性增强,胃肠活动由弱变强,消化吸收功能提高。这种状态保持

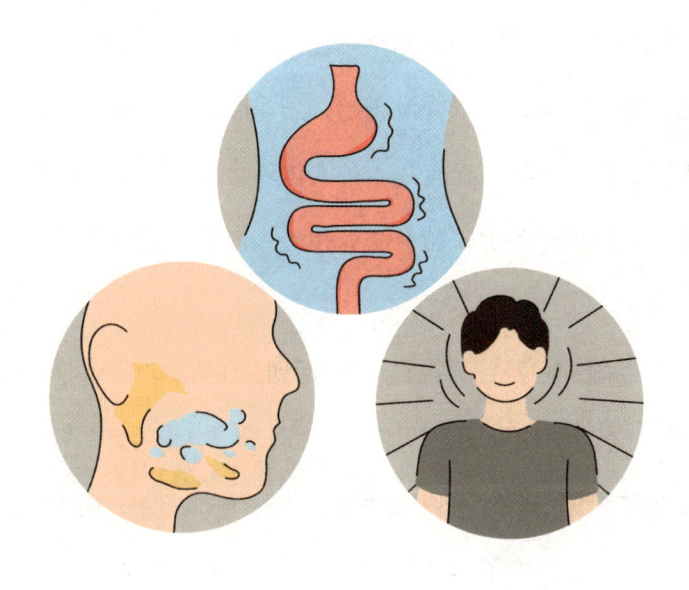

着，非常有助于消化系统的改善。

在众人一起静坐时，排气声常常此起彼伏，这也是一种有趣的互动。那时，你可不要拘于面子，不好意思发声。

关于"津液"

舌边有水就是"活"，中国的造字确实有点意思。

津液是中医名词，代表体内因脏腑的作用而化生的营养物质。

口中分泌出来的津液，也叫"唾液"，无色液体，俗称口水、哈喇子。在古代，形容口水的词汇特别高大上：金浆、玉液、甘露、琼浆、神水、灵液、醴泉。口也被称为"玉池"，舌头叫"红莲"。"唾津，

第三章 坚持静坐 | 129

乃人之精气所化。"李时珍在《本草纲目》中说，"溢为醴泉，聚为华池，散为津液，降为甘露，所以灌溉脏腑，润泽肢体。"现代医学也证明唾液具有丰富的营养价值，含有几十种人体不可缺少的酶，也含有天然的抗癌因子，对肠胃和各个脏腑有濡养和治病作用，也能够消灭一些细菌病毒。

谚语讲："日咽唾液三百口，保你活到九十九。"

想一想：人什么时候爱流口水？什么时候"口干舌燥"？

当人见到或想到美食、放松舒服的时候，爱流口水；而生气上火时，总是口干舌燥。除非患了某种疾病，否则在没有美食的刺激下，津液增多意味着你处于舒服而放松的状态。当你静坐的时候，常常会感觉唾液增多，这是好现象。

功中之津，历来被古人珍视，医家和功家都认为此物灵通，功用无穷。静坐时，如果唾液增多，说明你习练正确、内分泌增强、身体机能更加旺盛起来。这个时候，不要吐掉，待多时叩齿、漱津，徐徐咽下，甚至想象着它在滋养脏腑，温润下丹田。

用好唾液，让它好好滋润你的身体，好好"津津乐道"吧。

说到津液，这里也顺便提一下味觉和味道。

"真有味道！"对待好东西，尤其是艺术品和文艺作品，中国人喜欢讲"味道"。西方哲人抬高视觉、听觉，而贬低味觉。柏拉图说："美就是由视觉和听觉产生的快感。"而中国人的世界是舌尖上的世界，中国人的诗也是舌尖上的诗。我们讲诗，动不动就用到滋味、品味、趣味、意味、韵味、情味等词，全都落在一个"味"字上。（参见《诗的八堂课》，江弱水）

饮食男女！秀色可餐！美食与美色也有丝丝联系。

味觉感受出来的味道是整体性的体味，代表本真的直觉。婴儿的舌头四处探寻，让身体初步对这个世界有了认知。

津液、味道、婴儿，入静的静坐把它们连在了一起。

传统静功强调一个重要的动作，叫"舌抵上腭"，就是舌尖轻轻抵住上腭。这样一来，对唾液腺的刺激更强，能引起更多的唾液分泌。

关于"身体敏感"

在静坐初期，比较明显的身体反应就是双腿麻木僵硬，尤其是盘坐的时候。但是，当你习练多了、慢慢习惯之后，身体的整体感觉会逐渐好起来，比如清爽、滋润，不沉而有上拔感，身体会越来越敏感，甚至还会有其他的感触。

古人也讲到"八触"：痛、痒、冷、暖、轻、重、涩、滑，这是静功带给身体的八种特殊感觉。每个人的状况不同，感触也会不一样。有舒服的，也有不舒服的，不必多在意，这些仅是过程。

静坐的考评：愉悦度

古往今来有不少关于修炼、关于静坐冥想的进阶标准。这里，仅想针对普通入门级习练者，根据静坐初期可能达到的情境，提供一种能够简便判断进度的方法。

这种方法很简单，就是以自己的感受和情绪作为标准。我们将其称为：愉悦度，也可以叫"心欢值"。它代表心情和心态的好坏，从而给自己提供一个依据，便于你判断静坐所处的状态。

静坐"愉悦度"暂且分为四级，分别为：

（1）身体感觉不累，有些舒服；
（2）感受到了一种安静；
（3）感受到浑身一体，灵动丰润；
（4）感受到身体每个细胞的融合、人与自然环境的融合。

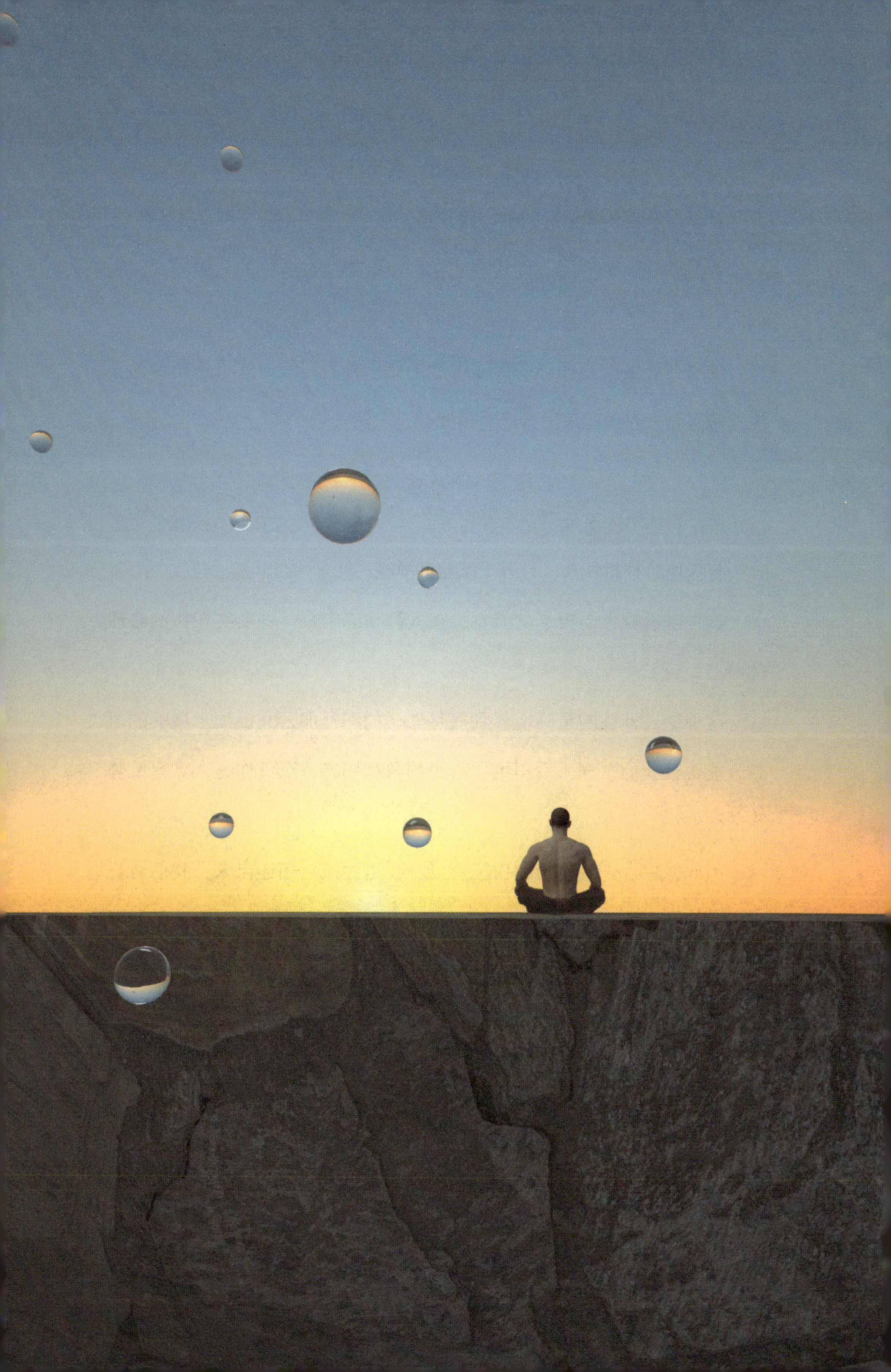

对于初学者，能够达到第一级、第二级，已算不错。

愉悦度是一个考评心性状态的指标。希望通过这样的分级尝试，我们能更加关注精神层面，关注我们的内在，让心性得到滋养。

这里把静坐的心理感受用愉悦度的概念分为四级，这只是初步的分级，希望有心人一起来完善这个指标。

有一句话给大家分享：

与天地精神相往来，与万千细胞共呼吸。

这种融通极大与极小的感觉，在入静状态中是一种实实在在的心理体验。

这种令人神往的至高境界到底是怎样的呢？那云间山顶上最美的风景，能否让我们普通人看得到，有个想象和期待，至少作为认真习练静坐的动力？

因此，综合先辈经验和自己感受，我尽力把它描述出来，我们暂且把那种美妙体验称为"入静状态"。

进入这种状态后，我们"脑袋空空"，意识还在，却没有了意象、思维和情绪，我们的"意识空白"了。这种状态，"既不同于清醒时的兴奋态，也不同于睡眠时的抑制态，而是一种特殊的状态……由于意识之体还在，它可随机应机而生。空白的意识境界，是孕育着潜在活力和生机的境界"。（《气功调心：初识入静》，张海波）

與天地精神相往來
與萬千細胞共呼吸

坐忘

两千多年前就有一个词在形容这种入静状态：坐忘。

《庄子·大宗师》中的一篇中写道："堕肢体，黜聪明，离形去知，同于大通，此谓坐忘。"大意是：忘了自己的身体，没有了眼和耳等的感知，也忘却了一切有形和学识判断，这时就与真正的大道理融通在一起了，这就是坐忘。

坐忘之时，入静时刻，不需要任何人为干预，意识处于什么都不想、一念不起的宁静状态，貌似什么都不知道了。但是，其实你能真切地察知自身与大自然合一的大通状态，说明其中还有灵动的觉察存在。

那是"活"的！正如同孩子长大了就会离开父母的呵护，去独立发展一样，那种境界一旦被孕育成熟，就获得了它自如发展变化的能力。

这种境界绝不是死气沉沉、铁板一块、毫无变化的，而是一个生生不已、发展变化的境界。

古人创造了几个非常有趣的"动静结合"的词："如如不动""寂而常照"，其中"如如"和"照"就是对生机与活力随时可被唤起的描述。如动，如不动。

"静极生动！"我们文化推崇的绝非单单凝结静止的"阴柔"，而是阳统阴、阴随阳，重在积极流通的"阳刚"。自强不息的易变是第一。

《易经》中也曾提到这样的状态："无思也，无为也，寂然不动，感而遂通天下之故。"当人身心进入了极静的状态，就能通天下。

《中医气功学》把"入静"定义为：入静是逐渐消除一切思维活动的心理过程。

于念而无念，无念之念；

于想而无想，无想之想；

于相而离相，无相之相；

于心而无心，无心之心；

"应无所住而生其心"。

静静地想想这些对立的字的组合，你会感受到别样的深意。它们可能会帮助你尝试认知那种极静的、绝美的状态。

静坐，是生机盎然地坐，而绝不是"枯坐"。

静坐，带给人至美的愉悦，是自然生发的。

曾经，有很多人，已经体味到这种美妙状态。让我们来看一下这尊塑像（见下图），它能带给你怎样的内心感受呢？

看到这样的面部，你会想到哪些词来描述它？

我想到的是：静谧、温暖、心生欢喜、炯炯而不昧。

我们再看看这个面容的一些特点：

面部舒展；

眼睛半睁半闭；

嘴角上扬、含笑；

气韵生动，有一种生机，不死板。

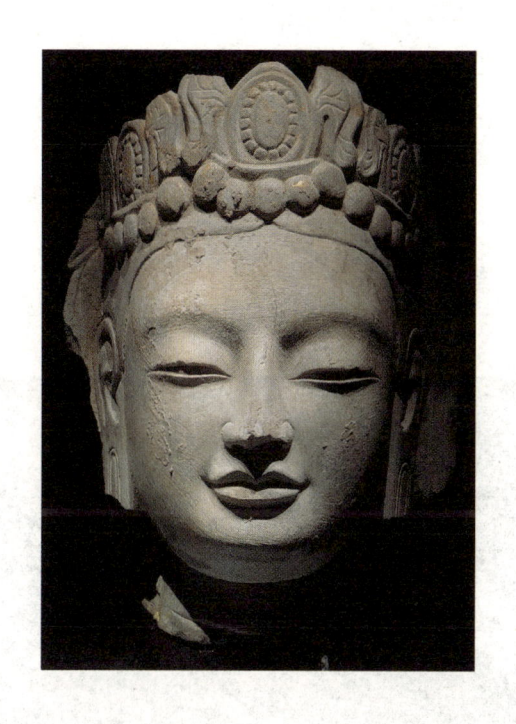

这是一尊魏晋南北朝时期的石刻佛造像。一块冰冷的石头，由虔诚的人，融入情感将其雕刻成他们心中的完美形象，使其具有了生命般的生机和力量。在文物面前，我们都是过客。经过了一千六百多年，它仍存在，仍微笑面对世人。当我们静静地看着他时，哪怕仅是这张影像照片，我们也能感受到那份心与心的情感流动。

心，可以穿越时空。静，能够联通恒久。

可以设想，在某个时空中，他也常静坐。若他在静坐，一定就是这样"愉悦清爽地坐着"，如如不动地坐着，无他。

静坐，让心灵和身体都更加优美起来。

植物中的音乐，就是我们的中草"藥"（"药"的繁体字，由草和乐组成）。同样，好身体也是和谐的振动。入静之后的好状态，将让人感受到生命的和谐律动，将会让你的身心向好改变。

静坐的持久：定状态

如果已经感受到静坐的好处，甚至曾经进入过入静状态，你会更加积极地坚持下去，让静坐成为你的习惯，成为你生活的一部分。

若把静坐作为生活习惯，一天坐多久好呢？

"半日静坐，半日读书。"千年前的宋代大儒朱熹这样回答。这句话也成为当今很多人推崇静坐的名言。但是，这句话仅是半句话，完整的原句是："人若逐日无事，有见成饭喫，用半日静坐，半日读书，如此一二年，何患不进！"

能够常常用半天时间静坐的人，不是常人。要么事儿不多，有闲；要么衣食无忧，不必为生计奔波。这样的人，从古到今都不多，是令人羡慕的对象。

忙于生活和奋斗着的我们，如果能够抽出些许时间，日日坚持静坐，已算万幸。如果每天能够坐上两三次，每次二三十分钟，那就已经是让人佩服的"高人"了。

说实话，单纯拿静坐的时间长短来做高下对比，不一定很高明。

静坐毕竟代替不了生活。

但你一定听说过"生活禅"吧。

行住坐卧，是日常生活中的举止行为，古称"四威仪"。意为一切生活中的行为，如都保持平和持重，自然显出一种威严来。常态的生活是可以如静坐般中正静定的。

把静坐的本意和精髓，用一颗平静心，融入日常生活中。让自己在衣食住行、工作学习之中，也依然有那份从容淡定和清明智慧，这是更不容易的修为。

身心相对长久地保持一种安定、清爽、愉悦、慧乐的状态，我们暂且称之为"定状态"。定状态不仅仅指静坐入静时的好状态，还要体现

在生活中,那需要进入更高的阶段和境界。

"生活即修行!""工作也修行!"就是在讲这个理儿。

定状态,一定首先是"心定",要摄心不乱,由内而外,保持一种沉稳。看风中飘动的旗帜,一人说是风动,一人说是旗子动,老师说是心在动——这是一个流行千年的经典小故事,出自《六祖坛经》。定,可以指身,可以指心,核心是"心定"。

定状态,不仅强调要有"定",同时也要有"灵"和"悦"。

定灵悦,三态合一,才能真正称为定状态。

这种"定",不是死板和沉闷。"定,就是不散乱,不昏沉。"南怀瑾这样讲。"灵"是那种充满生机的,可以随时应对外部一切变化的机动。"悦"是由内而外自然散发的欢愉。

功夫好不好，从外观上有两个简单的方法可以判别：其一，皮肤有没有光泽和弹性；其二，身体是否灵活而不笨重。（《气的原理：人体能量学的奥秘》，湛若水）

长久地让自己处于定、灵、悦的定状态，是极高的水准和要求，是一种境界，非常人所能及。而一旦保有这种状态，便会具有震撼人心的力量。

在功利的现实社会，拥有内心安定的力量同样重要。

"定力，拥有强大的内心！"

"定力，强大人生的核心竞争力！"

"想要成功，定力最重要！"

"领导干部要增强四种定力！"

定力

"要保持战略定力和坚定信念，坚定不移地走自己的路。"

定力，本是佛家语，指去除烦恼妄想的禅定之力。如今，被大家广泛使用，指处于变化时自己的意志力，尤其是讲到正能量和成功时。不管是个人，还是团队，都需要定力。

定力，定中显力，是在心中有坚定信念之后，内心那种清爽纯正、灵动自强、愉悦慧乐的力量；是由内而外的、自然生发的一种整体状态。心如死灰，身如枯槁，应是我们现代人必须抛弃的一种状态。

换个角度看"成功"，就是经过长久努力，干成一件事，并使之长久，这才是真正的成功。如果这样判断成功，就一定是要始终保持那份初心和定力。

想拥有一颗安定的心，有定力，就要让自己先学会"定"的能力，尽量让自我处于一种定状态。

在生活中，如何尽量去接近这种定状态呢？

这里，有三个小技巧一起分享：

想呼吸；

想小腹，

握固。

关于呼吸和小腹，前面章节已经有很多的说明。

握固，就是两手的大拇指弯曲，用食指掐住根，其余四个手指紧握

（见下图）。

老子在《道德经》中这样说："含德之厚，比于赤子……骨弱筋柔而握固。"意思是说，道德涵养很高的人，就好比初生的婴孩。筋骨虽然柔弱，但拳头握得很牢固。初生的婴儿，小手总是握得很紧，拽都拽不开。人，生而紧握，死而松手；握固而来，撒手而去。一握一放，竟是人一生。

握固，是道家常见的一个手形。"拘魂门，制魄户，名曰握固"。握固之法，就好像关上房门一样，可以静心安魂，收摄精气。经常握固，对于"精气神"的固守也好。

在平日里，将注意力多关注于呼吸、小腹，经常握固，就会进入一种主动调整自我的状态。

这些简便易行的小动作和习惯，就像你贴身携带的秘籍，随时随地可用。它们时刻伴随你，你就可以自主开启放松的开关，进入定状态。

给自己一点点时间，来个定力时刻，不需让人察觉。

不容易的现代人，留点关心给自己，时刻照顾一下自己吧！

静坐八级学习法

为了更方便初学者，使其有章可循，一步步进阶，我拟定了这样的八个学习步骤，权且当作是一个学习计划。

（1）初识静坐：学习本书第一章，对静坐有个基本认识；

（2）学会静坐：学习本书第二章，掌握入门核心三要素；

（3）迷你静坐：学习本书第三章，坚持21天迷你静坐（每天两次，每次5-10分钟），能偶尔感受到身体舒适、心情安静；

（4）特训一：外出学习两日，在自然环境中集体静坐；

（5）养成习惯：坚持第二个21天，每天两次，每次20分钟，能够感受到深度的静，内心愉悦；

（6）特训二：外出学习七日，与高人共同静坐，互动交流。学习生活状态中的入定，包括简食；

（7）静坐自如：逐渐习惯于静坐和生活状态的交替调整，偶有入静状态，有了整体相融的感受；

（8）定状态：生活、工作是修行。

完整看到这里的朋友，其实已经完成了前两步的静坐学习，在认知上算是已经入门了。这个八级学习计划如果连续全部完成，总体需要大约两个月时间。

这是一个学习周期，以不影响你的工作和生活节奏为考量。通过这两个月比较专注、系统的静坐学习，如果你还是没有形成舒服的日常习惯，建议暂停学习，暂时不再静坐冥想，可以探求其他更适合自己的静心之路。

在古代，外界的诱惑较少，会比较容易习练静坐。而如今，在这样喧闹的社会环境里，想习练静坐是非常不容易的。但是，让心安定下来，又是更多忙碌的人所愈发期盼并积极探寻的。达到心定的方法有很多，因人而异。但在对比各种静心方法后会发现，静坐带给人的那种静更深、更持久。

你与静坐到底有无缘分？只有靠行动和结果说话。

学习静坐，是坚持的过程，可能有点苦；享受静坐，也是坚持的过程，可能甜很多。不管怎么说，静坐都不是用来谈的，而是行动，是坚持。静坐的意义就在于坚持……如同游泳，你若学会了这门运动技能，却不再下水，对你身体也是不会有好处的。

练习中的常见问题

与学习任何技能一样，在习练静坐的过程中，你可能会遇到很多的疑问，希望我们能经常交流与探讨。下面的几个问题，是初学者比较常见的。

场地与时间

原则上，静坐可以在任何地方、任何时间进行习练，只要你觉得能够安静地、相对舒服地坐下来，且不至于影响他人。在自然的山水美景中静坐，当然是美妙的。但处处可心斋，特别是都市忙碌的人，要学会随时随地享受静坐，让心进入定状态。当然，如果可以，静坐的空间最好与工作区分开，最好不在你睡觉的床上。静坐的地方最好不要让你感觉潮湿阴冷，或者有大风或冷风直吹，要注意身体保暖。古时有人讲究在子午时、寅时静坐，或者在节气日静坐。这种要求，仅可以借鉴，不太适合现代人。

静坐与站桩

静坐是文练，站桩是武练。一静一动，一张一弛，文武之道。静坐更有利于入静，站桩对全身肌肉的锻炼价值更高。（《站向健康》，王建华）

有位修炼的朋友曾经开玩笑说："你见过哪位古代的得道高人，被塑成站桩的形象？基本上都是静坐的姿势嘛！"静坐，对人的悟性要求比较高，不是每天坐到那里就能有提升的，而且越往后越高深；站桩，对于大多数人，直接反应会更为明显，相对来说站得越久效果越好。

静坐和站桩，如脑力运动和肌肉运动，如果能交替习练，会很不错。

静坐与饮食

在静坐之前，一般不用刻意调整饮食。但最好不要吃太饱，不要多喝酒。

在静坐之后，有时会特别饿，胃口更好；有时本来很想吃，坐一会儿又没有饥饿感了。

静坐对饮食的影响，更多的是意念的改变。静坐让人心定，让人有更加神清气爽的感觉。整体的舒适感，好像抵消了些口腹之欲。因为整个身心沉浸在那种滋润、愉悦的状态，以致当有饥渴感时，你倒没有那么急切了，甚至还会平静地享受一下肌体那种有些渴求的"饥饿感"。"其食不甘"，你也不太强求饮食的甘美。同时，因为身体变得更为敏感，你在吃喝任何东西的时候，可能变得"每一口都是享受"，更加从容、美滋滋地体味那美味的食物在口中与你的互动。

因此，在静坐之后，往往吃得更少，吃得更惬意。而且，更喜欢那些"更自然的食材和食物"。那些新鲜、不油腻、没有过度烹调加工、制作简单的食品，与你具有了更多的亲近感。

入静之后的静坐是会彻底改变你的，饮食也不例外。这一点不用想得那么玄妙，如一个年轻人痴迷于健身，他自然也会更注重区分各种食物，管好自己的嘴了。

静坐与危险

"冥想没有任何危险！"世界著名的冥想大师斯瓦米·拉玛在《冥想》一书中说。

有句话说"千万别硬来"，适用于应对各种事情。在此提醒习练静坐的人，也不要硬来，比如不会双盘也硬掰着双腿上，强迫控制呼吸深沉或停息；也不要硬想，比如执意将意念停住头顶，在一种想象的镜像中不能自拔。不太自然的动作和念头，都是不好的。

如果在静坐中出现不舒服或者惊慌失措的状况，要么沉下心来多想小腹丹田，要么停下来调整一下姿势。

静坐与智慧

"为什么爱动脑子的人,更容易喜欢静坐?"

"为什么静坐冥想,能让人增加智慧?"

对于初学静坐的人,总是百思不得其解。下面,我力求从信息传播的角度,给大家分享一些感悟。

生而为人,就占尽了天机。人为天下贵,人是万物之灵,我们生来就站在了物种金字塔的顶端。人是拥有智慧的生物,可以用我们的逻辑来解释一切,靠我们的尺度来评判一切。我们从自然中演化而来,高高在上,以王者自居,认为我们能掌控大局。

人人都有内心的笃定和自信,相信自己的思考和判断,不管是靠直觉还是靠知识。

有一个看似很傻的、很低级的问题:"你看到的、听到的都是'真'吗?"

有两个知名的故事,与这个疑问有关联。

"盲人摸象"是一个古老的故事，在世界各国流行，有不少版本。但表达的意思差不多：凭局部认知、片面的经验，就做出自认为真理的判断。中国类似的成语还有：以偏概全、坐井观天、管中窥豹。

"子非鱼，安知鱼之乐"，出自"濠梁之辩"。这个典故讲述的是，春秋战国时期的两位思想家庄子和惠子进行了一次辩论，辩题是"河中的鱼是否快乐"。两人游玩中在一座桥上停了下来，庄子看着水里的鱼说："这鱼在水中悠然自得，这是鱼的快乐啊。""你不是鱼，怎么知道鱼的快乐呢？"惠子问。庄子答："你又不是我，怎么知道我不知道鱼的快乐呢？"

第一个故事涉及两个概念，什么是"真实"和"真理"。你摸到的、看到的、听到的，对于你来说当然是实实在在的，是真实的。我们称之为"感知"——由感官而得到的知识。但是，这些感知往往不是"真理"的全部。真理是人对于客观事物及其规律的正确反映。其中，就涉及一个主观观察者"人"，人要通过五官或者仪器设备等某种媒介，来认知真理。其实，我们总结的所谓"真知"，永远是有限的、局部的、不完全的。比如，我们肉眼看到的"可见光"，只占整体电磁波段的不到1%，其他诸如紫外线、红外线等，我们都看不见。在它们面前，我们是"盲人"。人耳也一样，我们听不到绝大多数的声波，如超声波、次声波等，在它们面前，我们就像"聋子"。我们只有随着获得的信息和知识越来越多，才会相对全面地看待这个世界。

第二个故事让我们思考："我们人的认知，能代表这个世界吗？包括其他生灵。"人都是自我的、倔强的，都坚定地相信自我的感知、认知和经验，不大可能换位思考。

我们观察到的其实并不是自然本身，

而是自然对我们所提问题的一种反映。

——（德国）海森堡（量子力学主要创始人）

"在研究原子结构时，我发现观察者、仪器和客体三者不可分割这一基本问题。"海森堡和波尔还说了这样的话。科学家的话让我们能够更全面地看待问题。物理学的进步，也给予我们更多的判断依据。我们发现，并不能建立一种没有人类参与的、绝对客观的科学系统。也就是说，科学离不开"人心"。"尽管科学是人类所创造的知识系统中最美丽的一种，但并不代表真理，它只是'共识'中的一种。"

人是有局限的！我们受到感官能力、思维能力、语言能力等诸多限制。

人是很自我的！为了保持安全舒适感，我们创造一种语境，一种拟态环境，力求来解释客观真实。

人类掌握的一切知识，并不可能代表全世界。而有智慧的人，总想更全面、更深刻地观察和解释这个世界，总想找到一个更好的视角和尺度。

单单一个人的视角，是自私；

单单一个群体社会的视角，是狭隘。

能否超越自我，甚至超越我们人类，拥有大智慧，用一个新境界看待这个世界呢？

> 我们有理由猜测，当进入某种深深的入静状态时，不论对声波还是电磁波，我们的感觉灵敏度都可能大幅度提高。
>
> ——张长琳（物理学教授）

慧

所谓的"大智慧",就是能够更全面、更深刻地看待这个世界的能力。拥有大智慧的智者,能够跳出自我视角,认知更接近这个世界的本来面目,更接近真理。

静坐高手,在入静时刻,有一种所谓的"超级体验",它是否能让人拥有这种大智慧呢?

放空看世界

人进入超然的入静状态，会感受到与正常情况下所感知到的不一样的世界。若用文字和逻辑来说明，大概是这样的：

（1）本心：单纯面对自我，更少地受到外在客观的直接影响，更容易凭直觉和良心；

（2）心空：清空了已有的"知识"，也就超越了个人经验和记忆的局限，圆融通达，好像可以随时与一切互动，具有灵动感；

（3）无我：慢慢忘记了身心，好像一切都连在一起，极大的宇宙和极小的细胞都互通着，更加超脱；

（4）当下：不再更多地想过去和将来，只有此刻的一呼一吸，觉得这就是永远，能更好地理解时间和空间；

（5）愉悦：身心清爽，欢喜，头脑灵光，有一种积极的慈善的力量。

入静状态是一种"万物互联、息息一体、刹那永恒、光明良善"的感想世界。这种充满灵性的体验，有学者认为是"波的共振"，是脑波同步现象，也叫合一性。最细微到最广大，全被同步联结，由身心的最深处，通达到广漠的宇宙，时空通联。

"通了！"

刹那永恒

"得道了！"

也许就在描述这种体验。

我们的存在，本质是多维的。只是我们，不敢不相信自己就是这具三维的血肉之躯。还有很多层次的存在，超越了人感官的范畴，却可以凭直觉感受到。

——杨定一博士

能够跳出自我视角看问题，是当代人应该具有的一种能力。

"我认为——"

让孩子开口表达观点之前，要先说"我认为"。

这是我的朋友、美国教育专家尚碧婷分享的一条经验："这说明你接下来说的内容，仅代表自己的观点，而不代表所谓正确的'真理'。这是一种自知，也是人与人交流时对他人的一种尊重。"

曾任耶鲁大学校长的理查德·莱文也说过，真正的教育，应是获得幸福的能力和正向的思维方式！而人获得幸福的能力，很重要的起点就是要真正学会尊重自我、尊重他人和团队合作。

学生问老师："有没有一个字是可以终身遵循的？"老师说："大概就是'恕'吧！自己不愿意的事情，不要施加于别人。"

这是春秋时期一个很有名的对话，出自《论语·卫灵公》。原文是：子贡问曰："有一言而可以终身行之者乎？"子曰："其恕乎！己所不欲，勿施于人。"

恕，一如一心，如自己的心，将心比心。

己所不欲，勿施于人。

己所欲，勿施于人。

自己不喜欢的，不要强加于人。自己喜欢的，也不要强加于人。《论语·公冶长》进一步讲："我不欲人之加诸我也，吾亦欲无加诸人。"

1998年夏，我在参观美国纽约联合国总部大楼的时候，看到一处陈设的墙上，挂着"己所不欲，勿施于人"八个中国书法字。它在满眼外文的环境中，赫然醒目，震撼我心。

达克效应（D-K effect），也是一个有趣的研究成果，它试图探寻智慧和自信之间的关系。

最初有限的认知，会让人自信满满，达到"愚昧之峰"；随着认知的增加，我们开始知道"很多不知道"，甚至会越来越不自信，达到"绝望之谷"；随着开始攀爬"开悟之坡"，会逐渐进入智者的平和。

在入静状态，还有一种主观意识会得到强化，那就是"良知"。那个时刻，你会自然地心生欢喜，嘴角不自觉地微挑上扬。这是一种向好的、向善的、美好的单项思维，而不是通常认为的"看透这个世界"后的高冷之感和纯客观的逻辑思维。

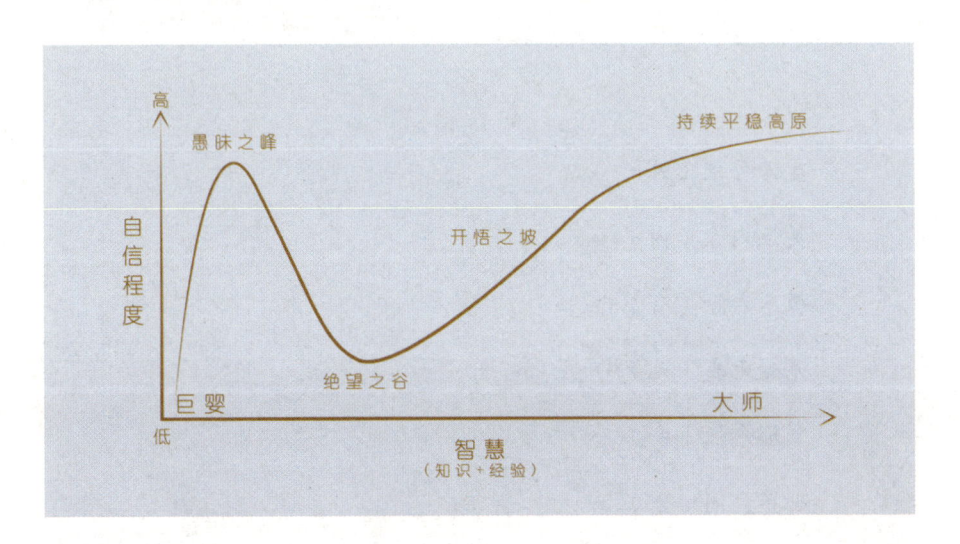

光明、喜悦、信、谐和、善意、美丽……这些美好的词汇，代表一系列充盈的、温暖的感受。这些是在入静状态下，伴着看透"真"的同时所出现的心境。在那个时刻，是"真善美"的大同，是一个融合的整体。

善，本以为仅是社会伦理道德的培养所得；美，也曾认为是后天的审美教育所获。但是，静坐入静的感悟让人确信：这些良知和审美，是天生本然，是天赋的道德意识，是生命自然的顺序。

生命的高阶，本应是通融、和谐、美好的。

静坐，引领我们与自己、与外部更全面、更深度地互动，让人发现更真实的本来面目，而不为感官和经验所扰。

静坐，让我们知道，这个世界是远比人的肉眼所见、肉耳所闻还要丰富得多的。

静坐，让我们安心、善良、踏实地做人。

静坐，也可以这样分步来看——

生活外求（外）→

关注内在（内）→

敏感六触（有）→

无心无我（无）→

刹那永恒（安）→

世界大同（合）

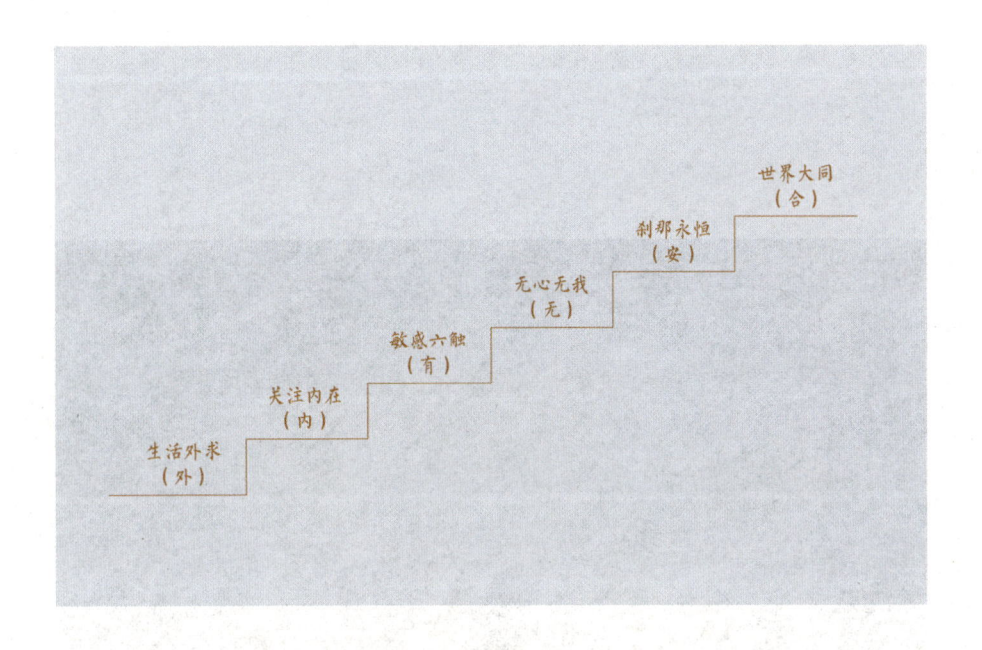

阶梯示意（自下而上）：生活外求（外）→ 关注内在（内）→ 敏感六触（有）→ 无心无我（无）→ 刹那永恒（安）→ 世界大同（合）

　　本书的目的不在理论研究，不是开宗立说，仅希望帮助静坐初学者，使其能够简单、快速地入门；学会静坐，并在日常中坚持。就像中小学课本，是启蒙读物。读完，就扔掉它，去现实中找寻真正适合你、属于你自己的康庄大道。

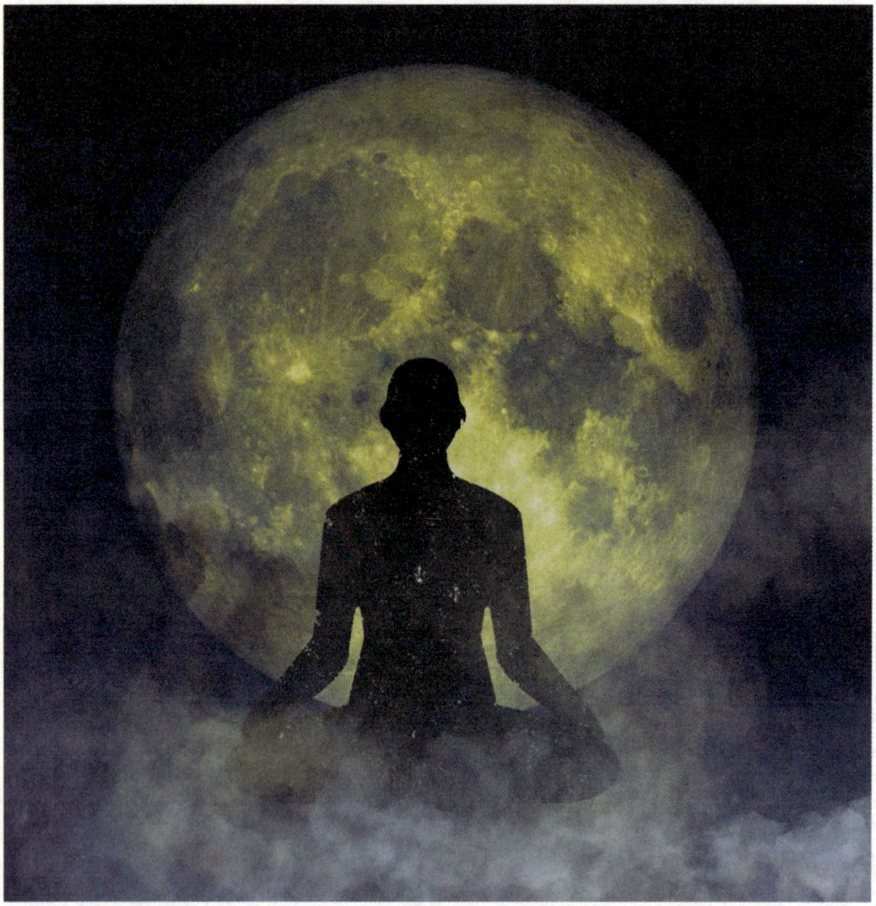

寄　语

亲爱的读者，关于静坐学习的交流，算是告一段落。

我一直在想，身心锻炼和滋养的运动方式多种多样，现代人，尤其是年轻人，有那么多好的选择，很多都是对的。那么，静坐到底有何不同呢？

在杭州天目山上，我曾拜访过一家远近闻名的益生习练馆。创办人和主要老师坚守了十多年，他们在教授学员的同时，自己也坚持静坐。他们的学习班长年不断。一旦开始学习，他们都是要在山上住几天的。我曾问过老师们这样一个问题："跟班学习的学员，学成回去之后，能够坚持下去的，会有多少比例？"

"大概情况是：一年之后，仍能几乎每天坚持静坐的，大概有30%；两年之后，每天坚持的，有15%左右吧。每期我们都设有学习交流群，所以对于坚持的人有多少，还是心中有数的。"

天天静坐，无特殊情况不间断。能够这样坚持一年以上的时间，一定是本人从静坐中获得了很大的益处。从心有所想，到学习，再到坚持，真的是一件不容易的事情。

本书专讲静坐，但我不想强调静坐有什么与众不同的吸引力，把静坐特殊化、神化。静坐，是一种锻炼心身的技能。对于习练者，如同学习游泳、健身等运动，学会之后，都会面临坚持还是放弃的选择。任何一种锻炼方法，学会是相对容易的，长久地坚持都是挺难的。所以，不管哪一种运动，如果你一直长期坚持着，那一定是与你有缘。你应该珍视，也应该自豪。

因此，首先祝贺你，因为你已经学会了静坐，和静坐有了某种机缘。未来的日子，静坐与你，要么常常相伴，要么在不时之需，你或想到而用上。

本书即将完稿的时候，正值庚子鼠年正月末，2020年初春，新冠肺炎疫情蔓延之时。中国十四多亿人，人人自控，百业停顿。瘟疫蔓延之时，于我，正是静坐时日。窝在家中已经近一个月，静坐和写作，便成为我清醒时主要做的事情。这么多天，大片时间任我挥洒，狭小空间独处静动，生活节奏被完全改变，这是可期的困局，只得主动面对……想想人这一生，被裹挟于各种人际之中，喧喧闹闹，相互慰藉，彼此支撑。但真正的关键时刻，都只能是自己一人一心独自面对，这是也必然是最后的支撑……

外求之助力，终究不及内生之定力！心之力，最强力！每一个成年人，都应有意识学会——如何安静地面对自己，并在安静中获得力量！

"你为何能坚守这么久？"

在天目山上的那个夜晚，一同静坐许久后，我问那位创办人。

"一种探寻吧。"

在自己选择的、挚爱的道路上，探寻永无止境的未知，是一种快乐。而静坐之人，是在探寻我们还知之甚少的人体这个小宇宙。

那么，从此时开始，就让有缘的你和我——

安静地坐下来，享受生命的盛宴！

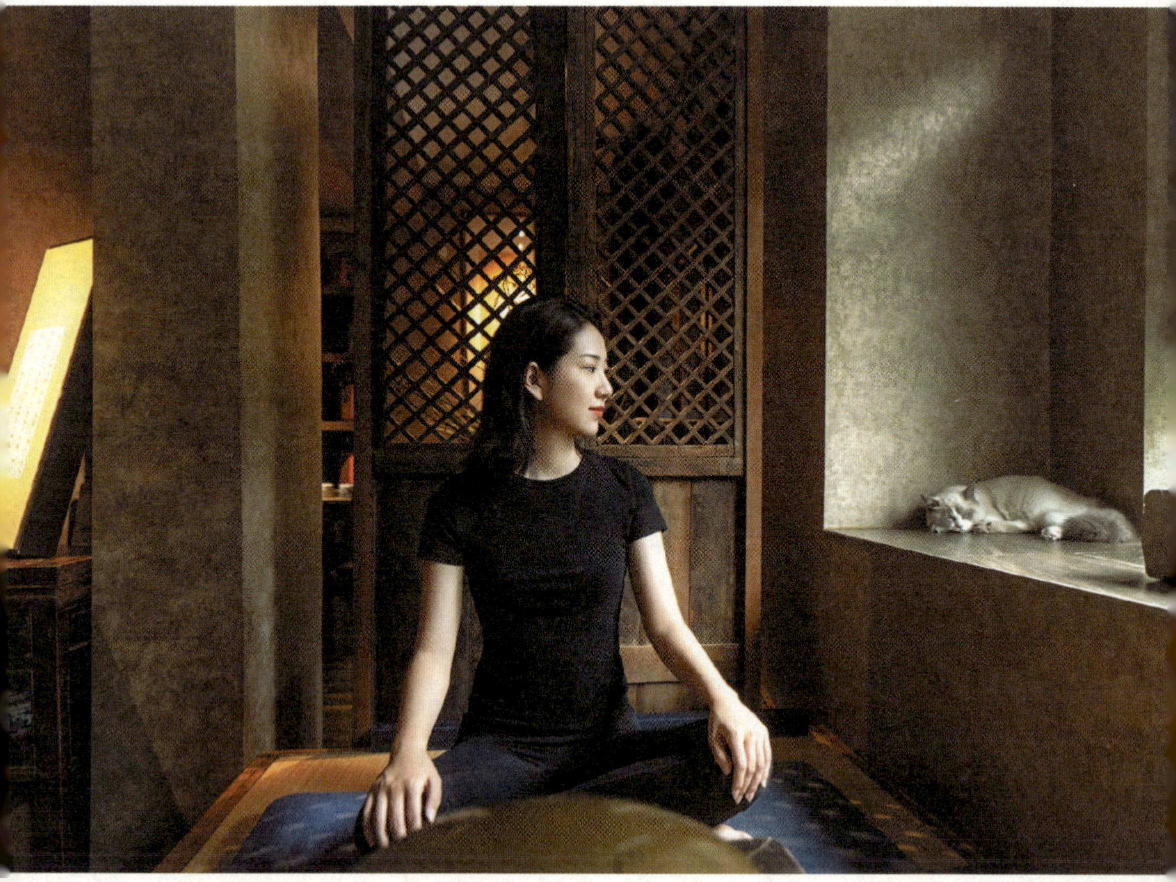

静坐心卡

填写一下这张小卡片，可以把它剪下来，放在能够提醒你的地方。

静/坐/初/心

静坐动机：

静坐愿景：

静坐计划：

年　月　日_____开始静坐了

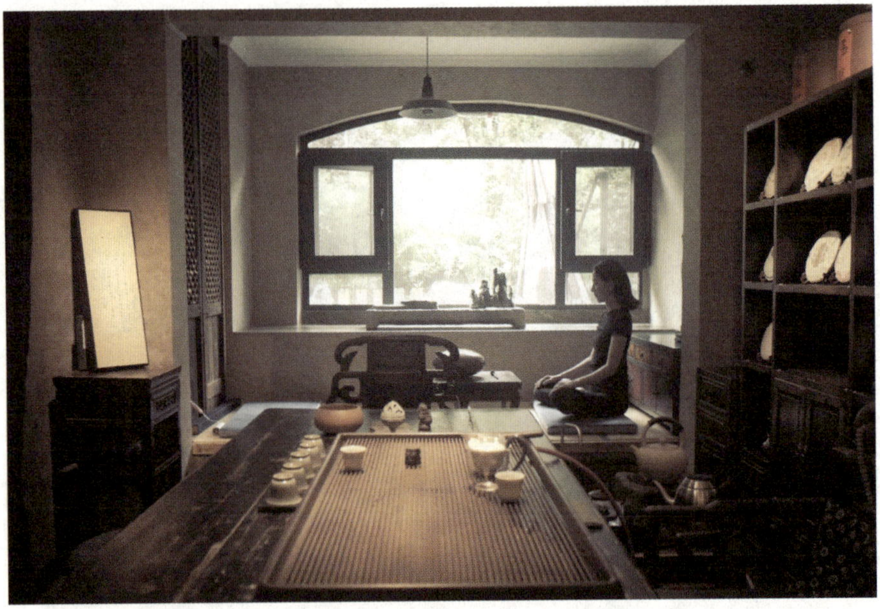

问与答

"问答"是一种有趣的交流方式。有发自内心的疑惑，才会有深入探寻的欲望。有互动，才可能更平等地交流。

什么是好的问答呢？

应是有趣、通俗、更加自由和个性化的表述；

应是真实感悟的传递，甚至是探讨，没有唯一正确答案；

应是明确的，要么解决问题，要么引发思考。

那么，什么是好的答题解惑人呢？

他应是一个引路人！应以真心、温和而有趣的方式来引导提出疑问的人。不管提问者从什么地点、哪个阶段起步，最终都能被引导走上更宽广的大道。这种引导应是启发式的，就像教人开车，不能只让学员坐旁边看着，而应指导他自己动手，独自前行。只有这样，最终疑惑者才能自我感知、自我探寻、自我实现。

下面的问答，都是来自日常的对话交流。或者我问师长，或者他人问我。有些内容，甚至是带有情绪的朋友间的对话。有时，一句话点醒梦中人！有时，也话不投机半句多！但或许，这些问答都是本书正文的有益补充。每一个问与答，各自独立，读者可以依自己兴趣，跳读或略读。

1问

　　刚刚上班几年，在城市打拼，挣钱压力这么大，我只能闷头努力奋斗。麻烦事、烦心事，每天都那么多。烦死了！怎么能让我平衡各种欲望、内心不焦虑呢？（一位交心的、不到三十的年轻朋友）

　　答：两种方法：其一，先极力去争取，去拥有，然后尽兴享受，厌烦之后，再学会安静。其二，修炼得道，超越欲望和物质，圆满一生。这两个方法，你能做到哪个？

　　回：我都不可能！答：对于我们常人，不可能这么极端。我们在追求、享乐物欲的同时，学会一些心理调适，比如静坐冥想，难道不可以吗？作为日常生活中的一种习惯和爱好，做好调试和平衡就好。"清净行者""日日是好日"这些词句，我很喜欢，也送你。

　　回：是，你说的有道理，我先记住这两个词，好听！

2问

　　老师们说的那种静坐的美好感觉，我真的是无法想象到！往那儿一坐，只会想得更多，那不是越想越烦？愁人的事太多了，我坐不下去。我只有靠跑步、锻炼、猛吃，才能让脑子不想那么多，这才能解忧呀！我坐下来，安静不了，头更痛呀！（一位女高管，想了解静坐，又明显有抵触）

　　答：为什么古今中外那么多智者都爱静坐？

　　回：我理解不了！他们都老了呗！

　　答：如果问你：在你想象中，静坐哪怕有一点儿好，你会说什么？

　　回：没有一点儿好！

　　答：你缓解压力和头痛的最好方法是什么？

回：静走、快走。

答：如果让你花 20 分钟学一下静坐，教你一点儿方法，你愿意学吗？

回：当然可以！

答：既然想象不了静坐一点儿的好，为何还愿意花时间学？

回：学的目的，就是让我更加坚信：静坐彻底不适合我！不去了解，谁也不知道谁会喜欢上什么、想做什么、会得到些什么。光听人说，自己不亲身去做，怎么知道？我愿意试试，但估计最后我还是不行。

答：那就回头亲自试一下再说。

回：好！我很愿意去接触新鲜的事物，虽然有点情绪。

3 问

最近坚持静坐，但感觉没什么进步，进入不了那种舒服的状态，呼吸很乱，坐 15—20 分钟就坐不下去了？（初练 1 个月者）

老师答：出现这种情况，就要问问自己，日常生活状态怎么样？是不是有不顺心的地方，或者挂心的事情，或者饮食杂乱等。若不是这些因素，那就是身体本能的反应，能练多久就多久，慢慢就过去了。

回：好的，坚持！我想可能和环境有关：中午是在办公室，虽然同事都休息，但偶尔还会有人走动；晚上是陪孩子睡觉，她睡觉，我静坐，但她有时会故意不睡乱翻身。

4 问

好吧，我想知道静坐的人，如何看待"性"？（一个刚刚结婚的小伙，略带不屑和调侃地问）

答：性，当然是非常美妙的！性的愉悦，让人忘记过去，忘记未来，忘记烦恼和现实,只有那一刻,那个当下的享受和满足。那一刻,已经足够,什么都可以不再需要了,那是一种美妙的"满足感""忘我感""当下感"和"存在感"。静坐冥想中也同样有这"四感"!

问:是真的吗?(惊讶)

答:当然!甚至更加美妙!当人进入入静状态时,那种美妙的感受是更加长久的、持续的。所以从某种角度讲,静坐比性还让人痴狂,道家可是有句话叫"精满不思淫"哦。

回:真是不可想象!很难体会到啊!

5问

静坐的时候,突然觉得瞌睡、想睡觉,怎么办?(一个刚学静坐的人问)

答:瞌睡了,就去好好睡觉。不太瞌睡了,再静坐。如果困时想用静坐调整一下,给你一个小建议:把注意力放在鼻子下面,感受一呼一吸时气息的进出。气体滑过肌肤的那种细微动静,你多察觉,这样可能会清醒些。如果还瞌睡,那就赶快去睡觉好了。

6问

静坐,是否要找一个封闭安静的地方?(一个想学静坐的朋友问)

答:有这样的地方当然好!但学习静坐,并不需要太刻意于某个地方。原则上,任何地方都可以静坐,只要你觉得相对舒服,你能稳当地坐在那里。当然,在一个相对安静的地方静坐,更便于初学者安静、不分神。如果有山有水,空气清新,在那样的地方静坐,当然更好了。

回:那下班之后,我回家就坐坐。

7问

人活着，到底图啥？（几个合伙创业人的私下交流，都三十多岁）

一人答：就仨字——名、利、爽！至少图一个。

另一人答：名、利、爽，很好，当然都要在意。但是，换个角度看，这仨字好像也不是那么重要。什么最让我在意呢？内心的充实、平和，持久于当下的全然努力，沉浸于细节，相对处于一种爱和善的感受之中。这种拥有感、踏实感，会让我十分满足。感受到这些，好像其他就无所谓了。今天只要这样过，哪怕明天就突然死了，也无所谓了。

回：你说的这几点，我觉得也是创业需要的：内心坚定、专注于当下和细节、对人友善。

8问

作为人，必须养成什么好习惯？（前后相隔十多年，曾经多次和年轻同事交流这个问题）

曾经答：只须养成三个习惯：运动的习惯，能让你身体滋润；读书的习惯，能让你脑子滋润；理财的习惯，能让你的钱越变越多，哪怕每天增加一块钱，你也会有不断收获的满足感。

现在答：要学会"1+3"！首先，你要学会心定！要先抓最主要问题，人的大脑消耗能量最多，烦恼都是来自它，它不好，身体也不好，财富有啥用。在中国传统文化中，"心"和脑不分，二者都和神智有关。"心者，君主之官也"，擒贼先擒王！如何养心健脑呢？古今智者多静坐，静坐以"心静"为要。静坐就是练心，改变的是心灵。所以，先心定，何事不成！之后再有"运动、读书、理财"那三个好习惯，你就完美了！

9问

　　静坐有多少门派？有多少种方法？我到底该学习哪一种？（一位经历丰富、爱读书旅游、勤于思考的朋友问）

　　答：南怀瑾将静坐定义为："凡是摄动归静的姿态和作用，统统叫它为静坐。"古今中外，静坐的方法有很多。在中国，儒释道都强调静坐，但各宗各派不同，方法有差别，其中又细分为很多种传承，但总体可分为两种：有为法、无为法。西方更多用"冥想（Meditation）"这个词，从目前来看，他们大多好像更强调"想"的引导作用，有点像中国的有为法。影响较大的有：正念冥想（Mindfulness meditation）、专注冥想（Concentration meditation）、意象冥想（Imagery meditation）、静坐冥想、瑜伽冥想。个人觉得，在当今世界范围内，静坐从区域上又分为这样几种体系：印度式、日本式、西方式、中国式。可以这样讲，不管你从哪种经典的或者流行的方法开始学，都可以。接触到了，就开始学，这就是你的起步缘分。只是提醒一点：要向实修的、品性良善的老师学习。干什么事情，都要与人打交道，首先还是要看人。务实和良善永远很重要，学习静坐也一样。西方冥想老师主要以这样的职业称谓出现：心灵导师、疗愈师等，听起来比较职业化。

　　不管你从哪种方法开始学习，只要坚持，从中获得的安静、愉悦感就会越来越强。到最后，大成者将达到忘我、超脱、大智慧的境界。正所谓：入门不同，万法归一！条条道路通罗马！

　　再问：我想各种方法都学学，集众家之长，是不更好？

　　答：最有效、最好的方法是把一种学好，然后坚持下去。不要东学学、西学学，又累自己，又不见得有效。释迦牟尼离家游学多年，拜访各路高人，尝试习练各种功法，但未能达到心中所愿。最后还是在菩提树下，自己发奋，独自安静打坐，四十九天，终于身心静定，悟道成功，得大自在。

问：那我就一条道走到黑！

答：别光想，赶快开始坐吧……

10 问

请教一个问题：如果说静坐和其他运动一样，都属于人锻炼身心的一种方法和技能，你觉得静坐最大的不同是什么？

老师回答：静坐有助于人反归先天状态。静坐时，人能得到最好的修养。

11问

某位作家在他的书中讲到东西方对人体的审美对比，讲到西方古希腊完美的男神、印度性爱神庙中充满肉感的雕塑，再讲到我国把人描绘成渺小的"点"。他认为中国人自古不探索和表现肉体之美，是因为中国人自古对自我不自信、缺少人的自由。作者流露出一些无奈。你怎么看中华文化中的肉身观念？（学习静坐、喜欢传统文化者）

答：说这种话的人是没真看过多少中国古书的！孔子讲《周易》时说："君子黄中通理，正位居体，美在其中，畅于四支，发于事业，美之至也。"两千多年前的庄子，在《德充符》的一篇文章中，就讲了几位外貌奇丑或形体残缺不全但有德行之人的故事，讲了丑和美、形体和智慧，你可以看看。人不可貌相，海水不可斗量！外强中干！金玉其外，败絮其中！这些观念，都是中华民族注重内在涵养的表现。《道德经》里讲："强梁者，不得其死。"中华文化是以表现外在为耻的，如果计较外在，说明你还没看到内在。不知内，就是昧，会让人耻笑的，很肤浅。所以西方的内修之道就断绝了，中华文明一直延续传承着。这就看出来哪个文化更深了。对人肉体的探索，《黄帝内经》就已经说明了一切。至于有些崇洋媚外的人，那都是没有受到多少传统文化的熏陶。

回：我也有同感，那他一定是没有真正静坐修行，没有达到入静、入定状态的。入静后，肉身能有那种感觉——里外温润、体内光鲜、身体如玉。通身及周边气韵生动，感受天地人的浩然融通。那周身的自在，怎不感叹身心，怎不感恩生命！像这样的体证实修，难道不是对个体生命的彻悟吗？同时，他对自己的文化没有深刻了解，又不自信。中华文化其实特别强调"因材施教"，认为"人人能成佛"，骨子里特别尊重每一个生灵和个体。

老师答：这些人还要受足够的苦，外索不得，才会内求诸己。在道眼看，谁受什么苦都是自己作的，换句不近人情的话，就是活该。

回：哈哈！曾仕强老师就常说，"自作自受"是人生的不二定律。

12问

啥是有为法、无为法？哪个更高级？还是两种并列？

答：大家都知道下面这个故事。神秀说："身是菩提树，心如明镜台，时时勤拂拭，莫使惹尘埃。"惠能说："菩提本无树，明镜亦非台，本来无一物，何处惹尘埃。"一个讲渐修，要时时勤奋，是有为之法；一个讲顿悟，认为人的自性是纯净的，不用勤擦拭。最终，他们的老师五祖弘忍选择了惠能，后人也是褒惠能，贬神秀。要知道，神秀也是修炼多年，也是功夫了得，为何他会说出看似很笨的方法呢？我以为，对于一般的习练之人，对于普通人，神秀说的没错，修行就需要勤学苦练。而顿悟之法，是适合具有超常智慧、领悟力比较高的人，所谓上等根器之人。从这个故事中，我们至少知道，自古以来人们对有为和无为的看法，就有大不同。

《道德经》开篇第一章就讲，"常无欲以观其妙；常有欲以观其徼。此两者同出而异名，同谓之玄"。这句话讲到"无欲""有欲"，名字不同，同样玄妙，是为一体。

在静坐冥想中，什么是"有为"？说简单点，就是有动作约定，有意念要求，须按这些去做。什么是"无为"？就是不拘束于某形式、某方法，直接达到心的笃定。如果把有为和无为当成方法和手段，最终的目的都是要达到这个层面：得大智慧、得道、得本性的自在！

"一切圣贤，皆以无为法而有差别！"

对于我们大多数人来说，心中俗事太多，总是放不下，不大可能直指内心，顿悟无为得道。所以，只有采用有为之法，采用这种"以妄制妄"的"笨办法"，循序渐进去练习。

问：静坐，是不是要有这样的过程：想—不想—灵动地想？无为法的一个很重要特征就是：无思、不想，对吧？

老师回答：也不能定格于不思不想，《易经》中说："无思也，无为也，寂然不动，感而遂通天下之故。"你可以综合定义为：愈发宁静，身心都进入宁静的状态。

13问

我爱健身，我喜欢健身时流汗的感觉，喜欢肌肉和好的形体线条。健身和静坐，能同时练吗？（一位喜欢健身的年轻小伙）

答：当然可以！如果你能既健身，又坚持静坐冥想，就会达到既有完美身形，又有纯净安详的内心，那你真的会成为人见人爱的帅哥了。如果你能把两者结合好，我相信肌肉线条会更自然、更漂亮。

现代已经有越来越多的人在尝试各种各样的中西合璧的玩法，如一个现代舞团叫"云门舞集"，舞蹈演员是要求习练太极拳和书法的，他们的舞蹈风靡全世界。

其实，中国自古养生就讲究"动静结合"。在练静功时，一定要结合动功。静坐，也可以说是心灵的锻炼，如果能和当代流行的其他肉体运动相结合，真的很好。但我以为，心理锻炼高于身体锻炼。精神主宰肉体，精神运动更为重要。

14 问

练静坐时，有人让半睁半闭着眼，有人让完全闭上眼；有人说手应该这样，有人说应该那样……到底听谁的？（初学者问）

答：听你老师的！让怎么做就怎么做，前提是你打心底认可、相信这个老师。各种不同的技巧和方法，说到底，是传承的不同、阶段的不同。初学时，不必在意身体外在的姿势和各种技巧。身体，包括手、脚、头颈等，舒服就行。时间花够了，练到一定时候，你会很自然地找到身体最适合的姿势。关键是坚持坐！

15 问

早上本来感觉肚子空，很饿，但是一打坐，越打越不饿了。现在都九点多了，还用吃饭吗？（刚学静坐的年轻人）

答：可以饿了再吃，不饿不吃。这属于好状态！状态平和一点还是会饿，只有体内储存的元气深厚、磅礴之后，才能长时间不用吃。

回：好的，不饿就不吃，权当减肥了。

16 问

静坐的人，都能活很长时间吗？

答：不能！人还是人，还是要遵循生命的规律。

17 问

媒体报道乔布斯终生坚持打坐禅修，直到年老工作太忙的时候才有所暂停，但还是得了致命的肿瘤，56岁离世。这样看，打坐的功用到底

在哪儿呢?(初学静坐者)

答:得重症和打坐,有直接关系吗?

我曾经看到一篇相关文章,讲到乔布斯授权并鼓励他的传记作者写一篇关于他医疗和营养方面的报告。乔布斯说:"生病以后,我意识到如果我死了,其他人肯定会写我,而他们根本就不了解我。他们会全都搞错,所以我想确保有人能够听到我想说的话。" 2003年10月,乔布斯检查身体时发现胰腺上有阴影,也就是肿瘤,直径至少有1厘米。这个尺寸的肿瘤上包含有10亿个细胞,并且长到这么大,至少要10年时间。他的肿瘤,可能在他二三十岁时候就开始了。确认他的胰腺有恶性肿瘤之后,他的医生建议他"应该尽快安排好后事"。换言之,在医生看来,乔布斯只有几个月的寿命了。确诊患肿瘤那年,乔布斯48岁,到他56岁去世,将近8年时间。乔布斯得肿瘤,并非是因为他有吃素食、静坐的习惯。事实上,健康的饮食和习惯,减缓了肿瘤的生长速度,推迟了他确诊的时间,并且延长了他的寿命。

18问

我从小爱锻炼身体,还练过武术。一次偶然的静坐经历,让我喜欢上了静坐,于是我就经常坐,没事就爱坐坐。我喜欢静坐,很享受!我的想法很简单,感觉舒服就去坐,乐在其中,仅这一点就足够了。我没有看过多少相关文章,和这方面的人交流也很少,老怕别人觉得我神神道道。有一个问题我一直想不通:我坐的时间长了,腿就麻。我一直纠结这事,是不是通了,就不麻了?还是不得其法?还是不管谁,坐久了都会麻?(茶会所老板特别喜欢静坐,但不常与人交流。静坐近四年,每天能坐1—2小时,甚至连续坐过6小时)

答：麻了，就动动再坐呗！坐久了，我也麻，还是我们练得少吧。

回：单盘怎么坐都没事，双盘就是容易麻。

答：是的，即便入定了，该麻还是会麻，只是入定后失去肉身的感觉，不知道麻而已。等出定时还得恢复一下，知觉才能慢慢恢复。只不过人的骨肉体质有差别，有的人恢复得快，有的人恢复得慢。静坐麻了，晃晃身体就恢复顺畅。但坐过一定时间依然会再次发麻，只不过是时间问题。如果有人说他不会麻，你让他坐上一百天，看他麻不麻！这其实是关于定力的问题，定力修炼到一定程度，确实可以做到。

回：受教！那我就不管它了，随它麻去！

答：静坐，就像其他锻炼，开头和收尾，都要做些辅助调整运动。静坐也要多运动，有各种方法，比如"晃海"。

19 问

有个问题我一直想不清楚——老师只讲要意守下丹田，其他什么都不让想。而随着静坐状态越来越好，我感受到效果越来越神奇，还"看到"一些景象，那些可是老师从来没给我说过的，是自然发生的。我觉得这就是"只管耕耘，不问收获"，而收获自然来。而现代人做事，首先要讲"愿景、使命"，定好大目标，然后奔着那个目标去——我在困惑，到底哪种思维方式和行动方法，更好呢？结果和过程，到底啥关系？（练习静坐三年者的困惑）

答：一个人在静坐的时候，不能太在意一切，包括脑子里的想法和意念。中国传统的静坐理念，强调"本来无一物"，包括心中的目标，好的和坏的感受，包括身体的各种反应。当出现时，都要不迎不抗、不悲不喜。说得绝对点，包括"意守丹田"、聚焦注意力于某处一点的冥想，这些本身也算是一种分心。习练静坐,不能先明确知道那个"结果",然后意志坚定时时督促自己去实现。当静静地坐着时,最不希望将你的心导向对某种体验和结果的期待中。常人的思维在二元层面,非此即彼。而智慧的人思维在二元之上,这样才能有所谓参悟天地造化的能力。世间做事是要定目标的。有的人四五分钟就能入静,有的人四五年才会入静。每个人缘法不同,现象就不同。

20问

生而为人,必须是人性和社会性相结合,偏重哪一个方向,都不好,对吗?(静坐高深者的思考)

答:常人都有婴儿赤子的天性,只不过自出生之后,有了自我意识之后,因为种种欲望而忘记了自己的天真心性。每个人的意识形态,都是后天雕琢成的。所谓的自我意识，其实就是经后天雕琢而成的。修真，就是保留后天的形，保护先天的性，也就是复归于婴儿的过程。就是让人不失去自己的天性，所以也是"天人合一"的过程。

回：人性 + 社会性 = 赤子之心 + 社会学习 = 天人合一

答：无思虑，是天性；有思虑，是人性。患得患失是欲性，就是社会性。人性包含社会性。忧患心退，人性纯；思虑心退，天性出。能于思虑时无忧无虑，便是天人合一。

回：于虑而无虑！思虑时，却云淡风轻。我慢慢算想通了！

21问

在自然界，动物内在的拼搏动力是食物和生命的延续。它们也有意志力。北极熊为了找到食物，一直不停跋涉探寻；大雁长距离飞行，克服各种困难。我在想：人，一个社会化的人，到底与动物有何本质区别？人一生不停歇，内心的、根本的、原始的动力到底是什么？（静坐时间两年多的学习者）

答：生命力的本能力量就是生长。万物在生长的过程中，如果摄不住精力，就会神散，精衰而死。万物的本能动力，只不过是生而已，人说为命。万物的本情是无任何情绪的，与天地无二。情绪犹如海上波浪，本情则是涵容大海的那个空谷。人类的本情也是那样，只不过是有了更多的感情能力，所以才有了许多定义。这个感情能力又称为灵性。有情本自无情生，众心原从无心有。

回：是，我在慢慢积聚能量，向你学习靠近。

22 问

六祖惠能曾说:"住心观净,是病非禅。长坐拘身,于理何益。"他激烈地反对以单纯打坐来修证佛法,他认为长时间打坐,住心观静,是一种病。他并不反对传统的坐禅,但他并不认为这是修行的主要方式。他说:"佛法在世间,不离世间觉,离世觅菩提,恰如求兔角。"他认为应该在世间,在日常生活、衣食住行、工作学习中修炼。你怎么看六祖惠能对打坐的理解?(一个爱看书、爱思考的静坐者问)

答:认同!六祖惠能对禅定的理解,相比原始佛教有很大的突破。如果追问打坐的目的,我觉得大多数人可以当作锻炼内心和身体的一种方法,达到内心安静、身体康健就好。可以这样说,打坐是获得大智慧的一种很好的方法。从这个更高的要求看:如果仅仅是为了坐而坐,为舒服而坐,真的是在浪费时间,真的没多大意思。六祖强调"明心见性",不管用什么方法,或者不使用什么方法,如果能悟到自己的本心,都能有所成就。心中无一法,才能建立万法。时刻不离自性,即得神思通明。人,生而为人身,必然要行人事,必然要生活在人的关系中。

23 问

静坐,古今中外,有几种名词叫法?差别又在哪里?

答:"静坐"只是一种统称,还有很多种叫法,如:打坐、坐禅、正襟危坐、默坐澄心、坐静、避静、安坐、晏坐,等等。冥想,从国外翻译过来,很多时候,也特指静坐这种方法,它和瑜伽关联较大。各种名词,因源头、技巧、目标不同而不同,但坐姿的基本要求类同。当静坐到了较高的水平和状态,又有不同的名词来表述。如:入静、入定、禅定、禅那、坐忘、心斋、抱一等。如果要说静坐、冥想与气功的关联，它们分别强调的侧重点不同：静坐重在用"坐"达"静"，冥想在用"想"达"冥"，气功重在"气"。

24问

看到很多报道，说静坐冥想对大脑有积极影响。我看到资料，说人脑的重量占全身体重的2%，但耗氧量与耗能量却占全身的20%。大脑是人体消耗能量最大的一个器官。静坐到底让人脑会发生怎样的变化呢？
（一位静坐练习者问）

答：在世界很多国家，尤其在东方，静坐冥想的习惯已经有数千年，这种好的方法一直有很多人在坚持。为什么静坐的习惯延续千年？道理很简单，因为对人有作用，对人有好处。

中国古代早就有"还精补脑""三花聚顶"等静坐和大脑关系的实践和描述。而近年在科学界，科学家们也在用科学的测试方法，试图来探寻静坐冥想对身体、对人脑的作用。这种脑神经研究，还处于很初步的阶段。

但说到底，这些研究还是物质层面的，静坐对人的心灵的塑造更为重要，比如：意志力、专注力提高；思考的深度和灵活度提升；减缓压力，安抚情绪，愉悦感增强；让人变得更平和、宽容和慈善。

"静坐改变心灵，增长智慧"真实不虚！而且，我还想强调一点：静坐冥想，本身就是相当科学的行为，不要试图急于用所谓科学的方法，去证明一个好的、人类的经验和认知；不要特别在意那些医学和科学的数据。对于我们普通人，证明了，又怎样呢？难道只有你看到这些证据，才会去安心静坐吗？

只管打坐

在静坐的世界里，个人体验比什么都重要！你必须自己去体验！必须自行探索身心的那种全然轻松和幸福感。该学的，就在学；该坐的，还在坐。

坐着，就好！

"只管打坐！"

25问

我们现在静坐，多是盘坐。我也知道，南北朝之前，就是椅子还没有传入中国之前，中国人的正坐，就是比较正式场合的坐法，叫跽坐，就是跪坐，也就是现在日本人穿和服的坐姿。有人说这样坐也能入定。当然，还有单盘和双盘，佛家也叫"跏趺坐"，好像在中国出现得比较晚。我想知道：在老子、庄子时期，他们到底是什么坐姿？中国大概什么时候出现双盘？

答：跏趺坐，就是单盘、双盘，是西汉时期从印度传过来的。

说到盘坐的来历，还有一个"雪山白猿"的故事，七千年前，喜马拉雅山上有一个部落，冬天经常有人被冻死。部落首领希望通过观察动物，找到方法。他发现，雪山上的白猴子，都是盘着腿过冬的。于是，他效仿其动作，总结出一套能聚能量的坐姿，让部落人安然御寒。这种方法后来传到印度，最终成为禅定的一种基本坐姿。这种坐法后来被称为"跏趺坐"，也叫"七支坐法"。佛陀说这种坐法是修行的共法。这是李谨伯在《呼吸之间》一书中写到的。

我想强调一点：不要过于强调什么坐姿好，什么坐姿显示功夫深。坐姿，说到底，仅算是静坐冥想的手段和技巧。

26 问

据说中国上古的原始人,已经自觉地、有意识地开始"吐纳、行气"的运动,那是一种人类的自我保健意识。《黄帝内经·素问》中就讲:"往古人居禽兽之间,动作以避寒,阴居以避暑,内无眷慕之累,外无伸宦之形,此恬淡之世,邪不能深入也。"我想知道,静坐冥想的演变渊源?(一位中医专业学生问)

回:我们想象一下这样的场景:一位古人,闲来无事,总是闭目席地而坐。坐久了,他有了一种特别舒服的感觉,愉悦得很。于是,他更加注意调整自己的肢体,以便让那种感觉更加持久;或者,当困倦时,他起身仰望星空,打个哈欠,也顿觉全身轻松,忘却了眼前的烦恼……静坐和冥想,其实没有什么神秘,我们刚才设想的那位古人,他静静地坐和仰天冥思,其实用现在人的话,就叫静坐、冥想,只是还不成系统。我觉得,静坐和冥想,是上古聪慧勤思的人类,因自我的生活习惯和践行,逐渐有意识地总结,并形成的一种固定的方法而已。

静坐冥想,和中医养生气功也有很多关联。

1975年,在青海省乐都区,出土了一件马家窑文化期的彩陶罐,上面有一彩绘服气吐纳人像。据考证,这件文物已有五千多年历史。远古时,医巫不分。但古时的"巫"与现在的巫婆神汉本质不同。在古代,没有持之以恒的毅力去练功的人,是没有资格做巫医的。郭沫若在《静坐的功夫》一文中说:"静坐这项功夫……当溯源于颜回……颜回坐忘之说,这怕是我国静坐的起源。"郭老说的起源,应指文字记载的源头,而不是古人实践的原点。而且,"坐忘"一词,其实出自老子的文章,"颜回坐忘"的故事应是杜撰的。"人乃天下之神物也,神物好安静"。

古人多静坐！在我看，佛儒道的经典文字中，常有静坐达到高境界时的思考描述。《道德经》《心经》，就好像作者在静坐后获得了更高智慧，用美妙的身心感知，用单纯、平凡、自由而最有生命力的心，看世界、看人世间、看人自身。

所以，静坐冥想，是古今中外流行千年的古老而时尚、很受人喜欢的一种锻炼心身的方法。

现代人一想到静坐，往往直接和神秘主义或某种宗教挂钩。其实，静坐来源于生活，静坐本来简简单单，没有任何宗教和门派的累赘。

27问

"久坐伤身！"西方研究结果甚至说，1小时"静坐"的伤害，相当于抽了两根香烟。现代人，特别应该避免连续坐90分钟以上。而静坐，不就是那么长久地坐着吗？这样坐，不是也会对身体不好吗？

答：此静坐绝非彼"静坐"！那个不好的坐，应该叫"久坐"。静坐和久坐，笼统说，都叫"坐着"，但是差别大了。容我简单解释一下。

首先，身体重心不同，承压不同。仔细想想，平日你坐在椅子上，或者沙发上，身体的支撑点在哪里？大多时间在屁股后部，集中在尾骨。而静坐时，身体重心要在躯体的中部。而且静坐时，身体要保持中正。

其次，平日的久坐，大脑多半处在繁忙地接收、处理各种信息的状态。或面对着电脑，或在开车，或在看电子设备、看电视。总之，脑子闲不住。而静坐，要求精神内收，接收信息的五官，尤其是眼和耳，都收敛了。这时，你身体原本消耗能量最多的脑部，必定轻松清静下来。

单就"坐"这个姿势来讲，长时间坐着工作，不会直接带来神清气爽的感受，而静坐却可以。

28问

我有多年腰椎间盘突出和颈椎病，我试了几天静坐，第一天腰感觉不错，第二天不适感反倒加重了，现在不敢练了！我做私募投资，长久坐着，腰是老毛病，而且很严重，平日主要靠游泳锻炼。我也知道西方金融大佬静坐冥想的人不少，我现在很想学。但几天的经验告诉我，腰不好，还是要注意！我想问，有腰病到底能不能练静坐？（一位年龄近五十的广东金融界资深人士问）

答：认同你的判断，我们要尊重自己的身体感受。首先强调：练习静坐，是一个人、一个生命体独自探索的体验过程。不管谁说静坐多好，说得天花乱坠，也只有通过你自己去体悟、去探寻。所以，首先要尊重自我的感受。

患有腰病、颈椎病，特别是急性发作时，真的不建议去静坐。要遵医嘱治疗，多躺着休息。当控制住病情，你想静坐时，可以循序渐进，依自我感受，时间逐渐增加。

当静坐到了比较高的水平时，周身通畅，对腰部是绝对好的。但是，对于大多数人，在学习进步阶段，还是要注意身体的反映。

我犯腰椎间盘突出和颈椎病十多年了。静坐状态好时，腰部没有一点不适感，而且颈椎处原本僵硬的地方，常感觉到有热流、有跳动。那时候那个部位就像接受了治疗，很舒服，平日的僵硬和痛感几近消失。但是，当工作繁忙静坐的时候，坐久了，腰也有些僵硬微痛的感觉。

最后要强调的是，即使学习静坐，也要学会一些辅助运动的方法，在静坐的前中后期，做适当的身体舒展和拉伸，不能仅仅"死坐""枯坐"。

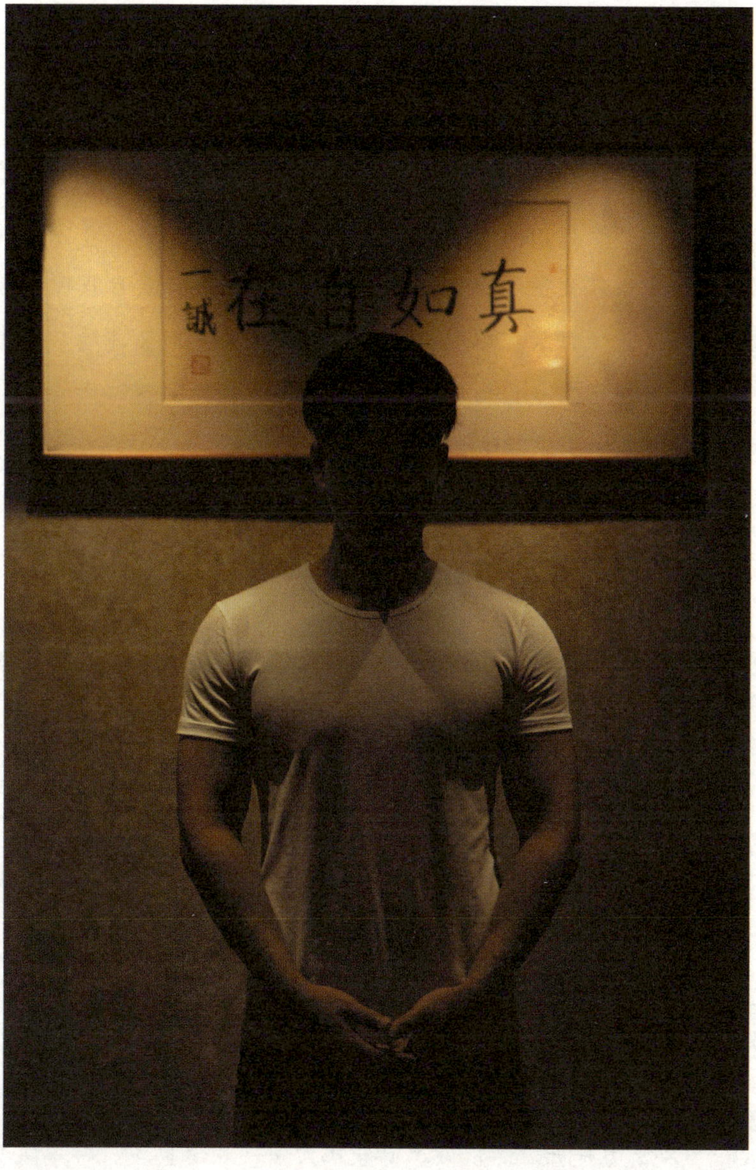
真如自在
一誠

29 问

能否真心给我说说静坐的好处、坏处，两方面都想听到。（一位好友问）

答：首先，我说说自己的情况——静坐现在是我一天中必须要做的一件事情。如同吃饭，必不可少。累了烦了，坐一会儿，好像能量就补充了，精神食粮就充盈了，就舒服了。静坐的过程，是自我探寻身体小宇宙的过程，就像每天在路上，期许看到新风景，有新体验。静坐，改变了我的生活习惯，成为我生活中的一部分，我愿意花时间给它。静坐和静的状态，真的就是一种生活方式。

说自己有点多，现在再说一下静坐的好处。这里，我绝对不引用任何一个权威研究和名家名言，那些你可以去查，网上太多了。我只说我的理解和感受。

（1）思维能力提高。自从静坐之后，原本总是昏昏沉沉的脑袋，现在变得清爽起来，思维变得很灵敏，让我找回了十七八岁少年时的感觉。之前，在思考问题或者说话时，有时脑袋会"短路"，就是逻辑突然断了，续不下去了。静坐之后，再没有出现过这种现象，感觉脑子一直跟得上。

（2）专注力提升。之前有一种认识，认为同时能想几件事，就代表能力强，效率高。那个时候我享受那种"一心多用"带来的忙碌感、充实感。但是现在，我认为一段时间内，全力、安心去想一件事、做一件事，才是最好的。我的专注力提升了，在这种心态下做事，让自己有了一种更加沉稳的力量感。

（3）决断力提升。之前做事时顾虑太多，焦虑也多。做一件事，总有个潜意识："别急，慢慢来，要考虑周全！"总是思前想后，心情焦虑，最终还是不能决定。而静坐之后，因自己多处于身体充盈、精神饱满、定力沉稳的状态，更多凭良心做事。遇到需要选择时，很自然就形成了判断，还比较坚定，心里好像在说"只能这样！就这样！"于是，就决定了，就做了。这样的思维，焦虑感自然也少了。

（4）人际关系更单纯和谐。之前，有心理学老师说我是典型的"取悦型人格"，特别在意别人的感受。而静坐之后，首先让自我感觉更敏感，对自我认知更明确。自然地，就不再纠结于别人的看法。但是同时，因静坐的时候，经常会有自身与天地、与自然相融合一体的感受，所以在处理现实问题时，往往也能很自然地超越个人的狭隘视角，站在各种角度上看问题。原本想不通的事和人，自然就想通了，说话自然更加平和而周全。我想，这绝不是变得"虚伪"，而是更有善意，心怀温暖，充满"爱意"。

（5）减肥了。过去总是特别享受美食带给味蕾的刺激和"饱腹欲"。如今，静坐居然让我的"饥饿感"有了改变。我不会因为饿了就心慌，就想一定吃啥补补，反而是这样的感受：单纯胃的空空感和嘴巴的口欲，让位于身体的整体感觉；同时，即便开吃，也慢了下来，想一口口吃出食物的原本味道。这样，自然吃得就没有之前多了，自然就瘦了点。而且，我年轻时常常有的胃痛，居然也消失了。

说实话，静坐舒服的时候，摸摸脸和皮肤，好像也光滑了，紧致了。静坐，能美容！我相信。

静坐的好处真的还有很多，以后慢慢说。这里，再说说静坐的问题。

（1）时间少了。静坐于我是一种享受，总是觉得坐的时间少，总想多坐一会儿。但毕竟要上班，拼事业，现在总是觉得时间不够。毕竟，静坐是要花时间的。而且静坐的时候，总觉得时间过得特别快。

（2）静坐腿麻。不管哪种坐姿，时间久了，都是一样腿麻。但这仅是短暂的时间，稍微活动一下，就好了。而且，走起路来，腿感觉更加轻松了。

（3）事儿少了。之前，兴趣广泛，想干的事情特别多，各种各样的朋友也多。现在，处事想问题更从容一些，不太强求，好像想得更开、更远。把这一条列到这里，觉得这毕竟是对过去那个"我"的改变，好坏要待以后来评判。

30 问

古今中外，关于静坐有很多体系，你认为哪些体系比较全面和严谨？要学哪一种体系更好？（一位对静坐感兴趣的学员）

答：学习静坐不是为了上大学，体系全不全，对于一个个体来说，我认为真的不是最重要的。关键是：坚持！你能坚持每天坐！

每个静坐体系，都有一套自己的名词、语境和方法。

说到比较全面、系统的静坐体系，佛教的、道家的都是很系统而深刻的。只是它们已经形成了上千年，很多词不易被现代大众接受。西方近几十年，特别是美国医院开始尝试把静坐冥想用于临床，以所谓现代科学逻辑和讲述方法，形成了关于冥想的学习体系，作为入门，也不错。但个人认为，它们还不够深入，缺少文化底蕴。

31 问

通过习练，入静了，那之后是不是仍要坚持日常修行？（一位坚持静坐的朋友）

答：你说的是坚持静坐这个动作吗？静坐作为一种锻炼方法，还是希望没事就坐坐的。如同游泳，仅仅是会了动作，你不游，照样锻炼不了身体。当然，修行还有一层意思，就是在日常生活的行住坐卧当中，练就出那种入静的"定状态"。这需要时时修心修行。只有那么一次美妙的入静体验，而不坚持精进，也算可惜。只开悟无修行，或者只会说理，不能践行，只能算是"干慧狂见"。

32 问

《庄子·齐物论》中开头讲了一个关于静坐的故事："隐几而坐，仰天而嘘"，用到"形如槁木，心如死灰"这样的词，成语"槁木死灰"就是从这儿来的。大意是枯干的树木和火灭后的冷灰，比喻心情极端消沉，对一切事情无动于衷。我觉得用这么消极的词来形容静坐，用到"死"，总让人望而生畏。好像过于死寂，而缺少些灵动和积极。若用"身如璞玉，心若空谷"来形容静坐的好体验，是否更好些？（一位资深静坐者的迷惑）

答：我没办法说它不对！对生的畏惧就是"凡"，修真者不厌生，也不恶死。人家讲的是"道"，没有给普通人讲，也不求别人信他。人在修行的过程中，其实还是处于人的境界中。即便即将入道，也无法理解这个真寂，道的境界是无动无静的。

33 对话

（甲：一位在城市打拼的人，30多岁；乙：一位喜欢静坐的人，40多岁。两人是亲密好友。）

甲：我现在不想静坐！每天从早忙到晚，每天要奋斗。面对那么多烦心事，哪有心思再学静坐？

乙：我每天静坐，得到很多的快乐……

甲：咱俩阶段不同！静坐的事，都是不愁吃喝、生活优越的人的选择！你现在不愁还房贷，生活有一定保障。而我……

（当一个人连生存都成问题，哪能静下来！）

乙：学习静坐，可以让人内心安定，更好地面对现实。学习静坐，好像和个人奋斗没有矛盾，可以兼顾，甚至会对干事业有很好的帮助。毕竟，做大事要有定力！

甲：你做做调查，有几个80、90后，能静下来！

乙：我觉得静坐就是好。如果我非想让你学静坐，有什么理由，你可以接受？

甲：暂时没有理由！因为我的压力很大！

乙：只有你心静下来了，才能更好地工作！静坐，不是为了逃避什么，而恰恰是为了面对一切，面对自己，面对世界，面对各种复杂的关系。以一种更为有力量的自我的真面目，去更积极地面对一切。

（宁静致远！静下来，才能做大事！）

参考书目

《静坐的科学、医学与心灵之旅》，杨定一 杨元宁

《冥想》，斯瓦米·拉玛（印度）

《禅意生活》，松原哲明（日本）

《正念冥想 遇见更好的自己》，沙玛什·阿里迪纳（英国）

《真气运行学》，李少波

《因是子静坐法》，蒋维乔

《静坐修道与长生不老》，南怀瑾

《看不见的彩虹——人体的耗散结构》，张长琳

《中医气功学》，刘天君 章文春

《静坐要诀》，袁了凡（明代）

《呼吸之间》，李谨伯

《禅学入门》，《禅生活》，《禅与心理分析》，铃木大拙（日本）

《生命之书：365天的静心冥想》，克里希那穆提（印度）

《清新冥想：用最温柔的方式找到自己》，马修·约翰斯通（美国）

《用安静改变世界》，拉塞尔·西蒙斯（美国）

《冥想5分钟：等于熟睡一小时》，里克·汉森 理查德·蒙迪思（美国）

《当下的力量》，埃克哈特·托利（德国）

《静坐养心500问》，郭超

《静坐禅》，禅一

《站向健康》，王建华 王晓东

《性命圭旨》，尹真人高弟（明代）

后　记

　　这本书的完稿和出版，是机缘和合力使然。如果不是因新冠肺炎疫情被困家中，我不会有时间静心伏案苦写；如果没有亲朋、同事的鼓励和帮助，我怎么能有勇气往前走。静坐，原本只是我个人的一个私密爱好，能够成书，能够成为一个推广项目，很多人付出了辛苦的努力。

　　2019年下半年开始，我通过授课，让身边的百余人学会了静坐。授课方式多种多样，有的是一对一、面对面，有的是团队集体培训，也有隔空微信交流。有些朋友坚持得非常好，静坐已经成为他们的习惯，常常坚持，甚至开始传授给家人。这些经验，成为我写此书的实用素材。这里，真心感谢这些学习者给我机会，听一个摸索者的唠叨。有些参加学习的朋友，也积极参与到静坐文化的传播中。知名的影视概念设计师何平老师，根据他静坐的初体验，义务为本书画了一组插画。第一次看到他的电脑画，真的让我震撼。

　　感谢我们的团队赛远传播和漫时传媒，大家认可这项事业，倾力支持，创造好的氛围，让我能够安心写作。感谢团队成员贾想、晓燕、子佳，帮助校稿，并作为本书的第一批读者，提出了很多宝贵意见。

以下人员也参与了本书的创作之中：

插图：孙平静、丁赛西、方雨菲

书法：王悦勤、孙瑄

摄影：史银春、张斌

模特：杨采曼、刘奇

服装造型师：许良涛

设计：赵阳、杜昕原、侯柯丞、孟艳利、罗珂敏

感谢诸位的辛勤付出。

还要特别感谢以下机构提供的支持：龙湖里商业中心、原庭会所、虚白家园为拍摄提供场地。感谢刘鹏阁、孟丹迪、王辉、张红老师。

中国现代静坐理念和文化的推广才刚刚开始，路还长，也一定坎坷。但我坚信，这是一项向善的事业，必将更聚人、聚力。

拱手感谢所有曾经、现在、未来一路同行的人！

丁力

2021年秋

（dinglikeji0831@163.com）

21天静坐记录表

第一周

时 间	坐 姿	心 态	情 绪	身体感受	精 力	人际关系
第1天						
第2天						
第3天						
第4天						
第5天						
第6天						
第7天						

21 天静坐记录表

第二周

时　间	坐　姿	心　态	情　绪	身体感受	精　力	人际关系
第 8 天						
第 9 天						
第 10 天						
第 11 天						
第 12 天						
第 13 天						
第 14 天						

21 天静坐记录表

第三周

时　间	坐　姿	心　态	情　绪	身体感受	精　力	人际关系
第 15 天						
第 16 天						
第 17 天						
第 18 天						
第 19 天						
第 20 天						
第 21 天						

只要坐下来观察，你就会发现你的心是多么地躁动不安。如果你试图强行让它静止下来，情况只会变得更糟。但随着时间的流逝，它自然会平静下来，这个时候，你内心深处那些细微的声音就有了展现的空间——你的直觉会开始延伸，你看事情会更加清晰透彻，你对当下的把握更为准确。思想的脚步变慢了，你就能在刹那间看到更广、更远的地方，看到比以前多出许多的东西。这是一种修行，你必须不断练习。

——史蒂夫·乔布斯（美国苹果公司创始人）

图书在版编目（CIP）数据

极简静心法：10分钟静坐入门 / 丁力著. —— 北京：华夏出版社有限公司，2022.1
ISBN 978-7-5222-0184-9

Ⅰ.①极… Ⅱ.①丁… Ⅲ.①心理学 – 通俗读物Ⅳ.① B84–49

中国版本图书馆 CIP 数据核字（2021）第 193156 号

极简静心法：10 分钟静坐入门

作　　者	丁　力
责任编辑	陈　迪
美术设计	徐　晴

出版发行	华夏出版社有限公司
经　　销	新华书店
印　　装	北京新越翔达彩色印刷有限公司
版　　次	2022 年 1 月北京第 1 版
印　　次	2022 年 1 月北京第 1 次印刷
开　　本	787×1092　1/16
印　　张	14
字　　数	151 千字
定　　价	69.80 元

华夏出版社有限公司　网址：www.hxph.com.cn　地址：北京市东直门外香河园北里 4 号　邮编：100028
若发现本版图书有印装质量问题，请与我社营销中心联系调换。电话：（010）64663331（转）